现代果树整形修剪技术系列

现代核桃修剪手册

王 贵◎主编

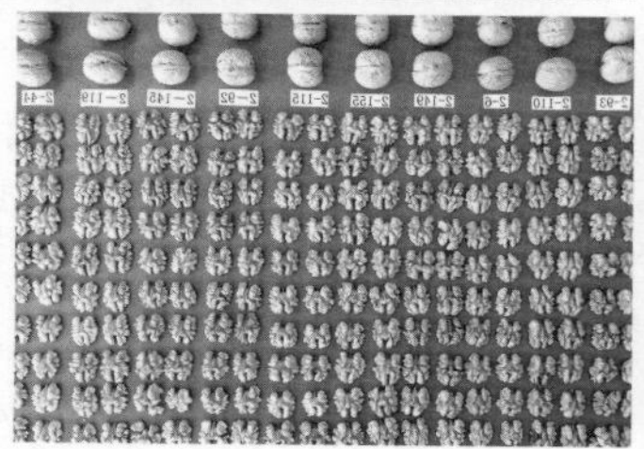

中国林业出版社

图书在版编目(CIP)数据

现代核桃修剪手册/王贵主编. —北京：中国林业出版社，2015.3(2015.7重印)
ISBN 978-7-5038-7920-3

Ⅰ. ①现… Ⅱ. ①王… Ⅲ. ①核桃-果树园艺-手册
Ⅳ. ①S664.1-62

中国版本图书馆CIP数据核字(2015)第058747号

中国林业出版社·生态保护出版中心
责任编辑：刘家玲

出版 中国林业出版社(100009 北京西城区刘海胡同7号)
E-mail lycb.forestry.gov.cn 电话 83143519
发行 中国林业出版社
印刷 中国农业出版社印刷厂
版次 2015年5月第1版
印次 2015年7月第2次
开本 148mm×210mm 1/32
印张 2.75
字数 80千字
印数 6201~9200册
定价 15.00元

《现代核桃修剪手册》编委会

主　编　王　贵

编写者（以姓氏笔画为序）

王建义　王金中　王海荣
刘欣萍　任晓平　武　静
贺　奇　张彩红　梁新民
梁家荣　燕晓晖

编者的话

核桃是我国重要经济树种，在农村经济发展和农民脱贫致富方面起到了极其重要的作用。进入本世纪以来，由于党和政府的大力支持，核桃产业迅猛发展，全国栽培总面积达到400万公顷以上，总产量达到200万吨以上，核桃产业出现了空前的喜人景象。但目前的单位面积产量尚较低，效益滞后，表现为一大批幼树不能适龄结果，一大批大树适龄结果较少，有些核桃园品种混杂，有些树未老先衰。造成这种状况的主要原因是缺乏科学规划和管理，其中包括修剪技术。

21世纪以来，我们坚持科研与生产相结合，逐步建立和完善核桃栽培与整形修剪中的数字化理论。通过修剪试验和结合修剪实践，得出可靠结论，再通过反复实践，确认数字化理论的正确性和在修剪实践中指导的规范性，从而实现核桃园的科学管理。

为此，我们编写了《现代核桃整形修剪手册》一书，希望能在农村产业结构调整、促进核桃产业可持续发展中起一点作用。

限于我们的水平，编写时间又较短促，书中不妥之处，敬请各位同仁批评指正。

作　者

2014年12月

目　录

第一章　我国核桃园修剪管理现状与发展趋势…………………（1）
一、修剪现状……………………………………………………（1）
二、发展趋势……………………………………………………（2）
第二章　核桃树生长结果习性…………………………………（3）
一、生长特性……………………………………………………（3）
二、结果习性 …………………………………………………（13）
第三章　核桃树的整形修剪 …………………………………（22）
一、修剪的时期与方法 ………………………………………（23）
二、早实核桃树的整形修剪 …………………………………（42）
三、晚实核桃树的整形修剪 …………………………………（48）
四、不同年龄时期的修剪 ……………………………………（49）
五、高接树树形和修剪 ………………………………………（57）
第四章　核桃树整形修剪与产量和品质的关系 ……………（60）
一、树形与产量的关系 ………………………………………（60）
二、密度与产量的关系 ………………………………………（61）
三、修剪与产量的关系 ………………………………………（62）

第五章　核桃树修剪与树势的关系 ……………………………（64）
一、树势评价体系 ……………………………………………（64）
二、品种生长势评价 …………………………………………（67）
三、修剪原则 …………………………………………………（71）
附表 1　不同核桃品种丰产特性与生产果实与枝条数量的相关性
……………………………………………………………………（78）
附表 2　核桃园周年修剪管理历 ……………………………（79）
参考文献 ………………………………………………………（80）

第一章
我国核桃园修剪管理现状与发展趋势

一、修剪现状

我国核桃栽培历史悠久，据文字记载有两千多年，在古代时候不行修剪。新中国成立前后我国林农科技工作者总结长期栽培经验，在白露期间结合采收进行修剪，用斧头或手锯去掉一些较大的枝组和徒长枝，由于采收方法是用竹竿、木杆等敲击，与此同时也损伤了一些新梢。三中全会以前核桃树大部分属于集体所有，农村有林业队，由集体组织进行修剪。农村土地承包以后树随地走，核桃树的修剪基本停止，只有极少数人修剪。随着大批农民进城打工，核桃树常有荒芜的现象，不少老核桃树逐渐枯死。特别是矿区，人们追逐利益，只顾开采不顾地上资源，如山西吕梁、太行山区的老核桃树枯死较多，有些树濒临死亡，没有经济效益。直到现在，我国核桃树的修剪仍未引起高度重视，其主要原因是体制问题，农户所拥有的核桃树较少，外出打工后无人照管。一些种植大户，或者经过土地流转后的公司、合作社比较重视，但由于缺乏修剪技术，管理不善。总之，修剪在核桃生产当中没有列入规范，研究开发核桃修剪技术并普及推广是核桃产业发展中迫切需要解决的问题。

二、发展趋势

核桃树作为我国重要经济树种早有阐述，在世界核桃栽培史中我国栽培总面积、总产量早已位居之首。在国际贸易中，中美核桃日渐成为主流，或者说世界核桃的竞争就是中美核桃的竞争。我国既是生产大国又是消费大国，不仅在栽培面积方面要扩大，单位面积的产量也急需增加，强化核桃园管理是当务之急。我国核桃的单位面积产量仅 50kg 左右，是美国的 1/8 ~ 1/6，其中低产的重要原因之一就是管理不善，不行修剪或修剪不当是低产劣质，甚至早衰死亡的原因之一。美国等核桃生产先进的国家，每年都进行机械化修剪，而且他们的栽植密度较小，也不间作。我国的核桃园大都实行矮化密植栽培，品种混杂，密度较大。同时还要间作玉米、大豆、蔬菜等作物，这种栽培现状必须改变。今后核桃产业的发展趋势就是品种栽培良种化，有害生物控制无害化，园艺化管理 + 机械化，实现经济效益最大化。

第二章
核桃树生长结果习性

一、生长特性

核桃树为高大乔木。自然生长条件下，高度可达15～20m；栽培条件下高约4～6m，冠径5～8m；矮化密植时高度可以控制在4m以下，冠径可控制在3～4m以内。一般寿命为80～120年，经济寿命为60～100年。西藏加查县核桃树的寿命已达千年以上。

幼树的树冠多窄而直立，结果后逐渐开张，所以幼树的树高大于冠径，结果大树的树冠直径大于树高。但树冠的大小和开张角度也因品种而有所差别。如中林1号、香玲树冠就大，辽宁1号、晋丰就较小。京861、晋香、晋龙2号的树冠较开张，而西扶1号、晋龙1号和清香就较直立。

(一)枝

枝条是构成树冠的主要组成部分，其上着生叶芽、花芽、花、叶和果实。枝条也是体内水分和养分输送的渠道，是进行物质转化的场所，也是养分的贮藏器官。核桃树的枝条生长有以下特点：

1. 干性 晚实核桃大都容易形成中心干，生长旺盛，所以在整形时大都培养为主干型树形。早实核桃由于结果早，干性较弱，所以开心形树形较多。尤其是采用中、小苗木建园，常常不好选留中心干。要想培养主干型树形，必须采用1.5m以上的大苗(图1)。

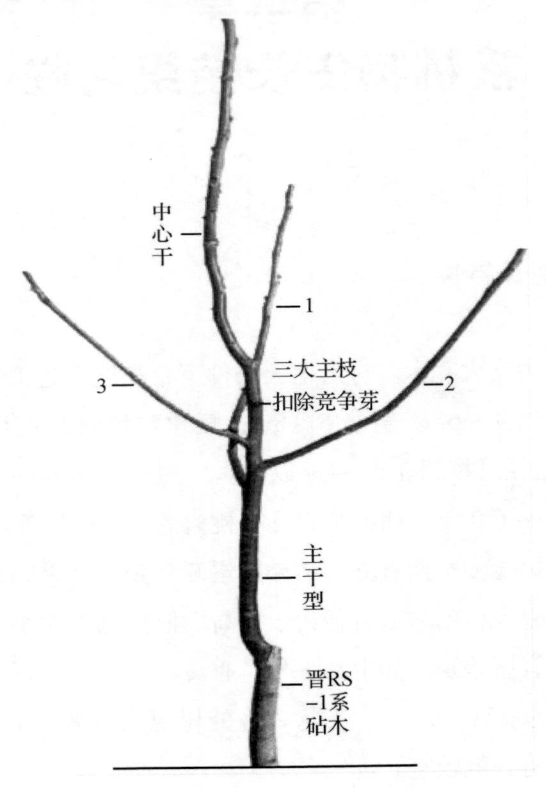

图1 主干型

2. 顶端优势 也叫极性。位于顶端的枝条生长势最强，顶端以下的枝次减弱，这种顶端优势还因枝条着生的角度和位置的不同有较大的差异。一般直立枝条的顶端优势很强，斜生的枝条顶端优势稍弱，水平枝条更弱，下垂的枝条顶端优势最弱。此外，枝条的顶端优势还受原来枝条和芽的质量的影响。好的枝芽顶端优势强，坏的枝芽顶端优势弱(图2)。

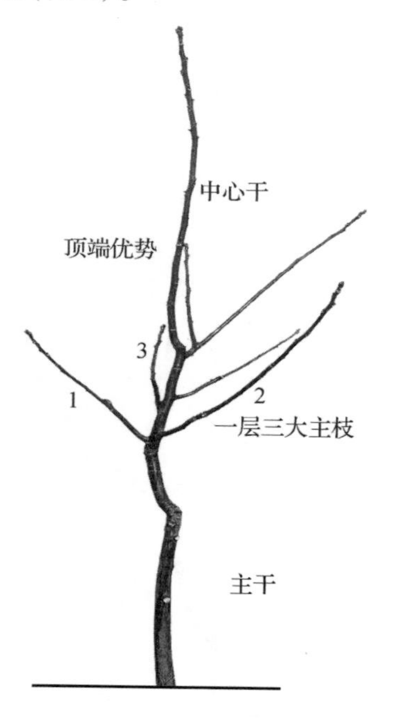

图2　枝条顶端优势

3. 成层性　由于核桃树的生长有顶端优势的特点，所以一年生枝条的每年顶端发生长枝，中部发生短枝，下部不发生枝条，芽多潜伏。如此每年重复，使树冠内各发育枝发生的枝条，成层分布。整形时根据枝条生长的成层性，合理安排树冠内的骨干枝，使疏散成层排列，能较好地利用光能，提高核桃的产量和品质。

核桃树枝条生长的成层性因品种不同而不同，生长势较强的品种层性明显，在整形中容易利用，有些品种生长势较弱，层性表现不明显，整形时需加控制和利用(图3)。

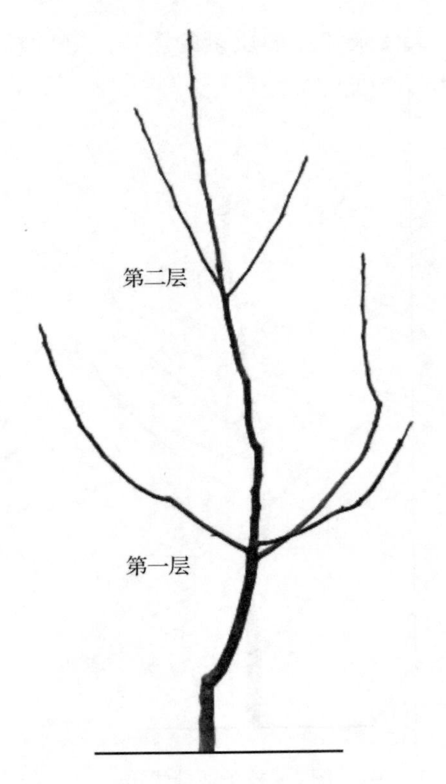

图 3　枝条的成层性

4. 发枝力　核桃树萌芽后形成长枝的能力叫成枝力，各品种之间有很大差异。如中林 1 号、中林 3 号、西扶 1 号的发枝力较强，枝条短剪后能萌发较多的长新梢；有的品种发枝力中等，一年生枝短剪后能萌发适量的长新梢，如鲁光、礼品 2 号等；有的品种发枝力较弱，枝条短剪后，只能萌发少量长新梢，如辽宁 1 号、中林 5 号、晋香等(图 4)。

核桃树整形修剪时，发枝力强的品种，延长枝要适当长留，树冠内部可多疏剪，少短剪，否则容易使树冠内部郁闭。对枝组培养

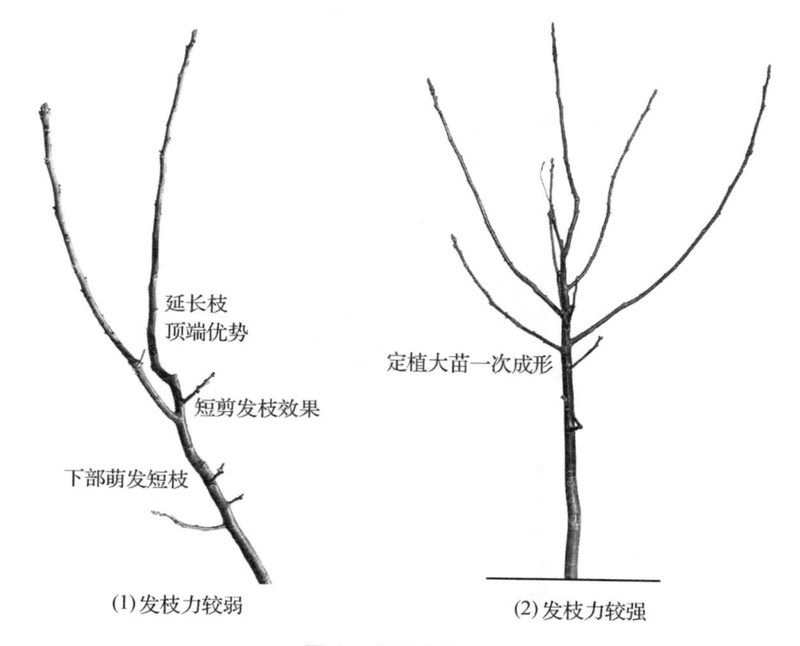

(1)发枝力较弱　　(2)发枝力较强

图4　发枝力类型

应"先放后缩"，否则不易形成短枝。对发枝力弱的品种，延长枝剪留不宜过长，树冠内适当多短剪以促进分枝，否则各类枝条容易光秃脱节，树冠内部容易空虚，减少结果部位。对枝组培养应"先缩后放"，否则不易形成枝组或使枝组外移。

发枝力通常随着年龄、栽培条件而有明显的变化。一般幼树发枝力强，随着年龄增长逐步减弱。土壤肥沃、肥水充足时，发枝力较强，而土壤瘠薄、肥水不足时，发枝力就会减弱。所以核桃树整形修剪时必须注意栽培条件、品种和树龄等因素。

5. 分枝角度　分枝角度对树冠扩大，提早结果有重要影响。一般分枝角度大，有利树冠扩大和提早结果。分枝角度小、枝条直立，不利于树冠扩大并延迟结果。品种不同差别较大(图5)。放任

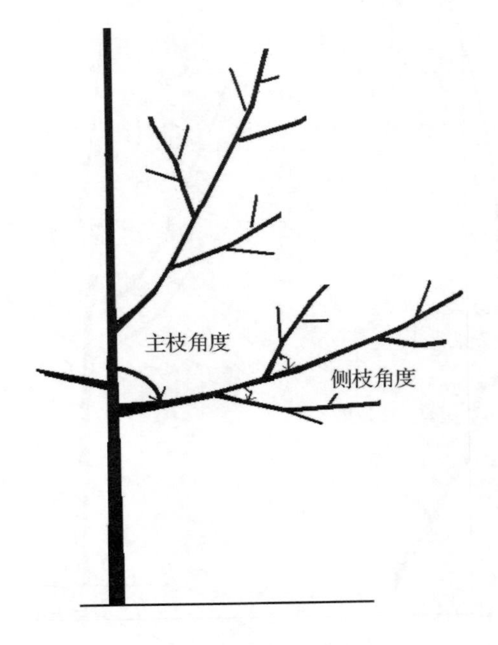

图5　分枝角度

树几乎没有理想的角度，所以丰产性差。

分枝角度大的品种树冠比较开张，容易整形修剪，分枝角度小的品种，枝多直立，树冠不易开张，整形修剪比较困难，从小树开始就得严加控制。

6. 枝条的硬度　枝条的硬度与开张角度密切相关，枝条较软，开张角度容易，枝条较硬，开张角度比较困难。如西扶1号、中林1号就较硬；京861、晋龙2号就较软。对枝条较硬的品种要及时注意主枝角度的开张，由于枝硬，大量结果后，主枝角度不会有大的变化，需要从小严格培养。枝条较软的品种，主枝角度不宜过大，由于枝软，大量结果后，主枝角度还会增大，甚至使主枝下垂而削弱树势。

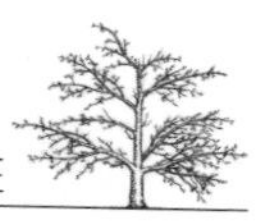

7. 枝类　核桃树冠内的枝条大致可分为以下三类。

①短枝　枝长5～15cm。停止生长较早，养分消耗较少，积累较早，主要用于本身和其上顶芽的发育，容易使顶芽形成花芽。

②中枝　枝长15～30cm。停止生长也较早，养分积累较多，主要供本身及芽的发育，也容易形成花芽。

③长枝　枝长30cm以上。停止生长较迟，前期主要消耗养分，后期积累养分，对贮藏养分有良好作用，但生长停止太晚，对贮藏营养不利(图6)。

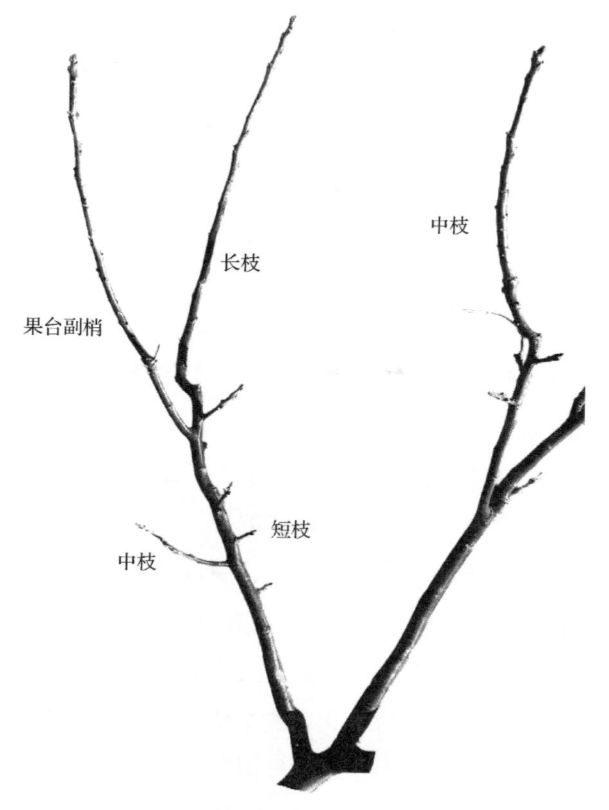

图6　枝条的类型

核桃树的长枝，可用其扩大树冠，作各级骨干枝的延长枝；也可利用分枝，促进分生短枝和中枝，形成各类结果枝组；还可利用作为辅养枝制造养分，积累营养，以保证有充分的贮藏营养，满足核桃树的生长和结果。

核桃树的中枝是结果的主体，他们具有较强的连续结果能力。中枝的数量决定树势的强弱，也决定产量和品质。

核桃树的短枝，结果多，结果能力强，但结果后容易衰弱，特别是在缺乏肥水供应时。因此，在整形修剪时，对这三类枝条要有一个较合理的比例。一般来讲，盛果期树长枝应占总枝量的10%左右，中枝应占总枝量的30%，短枝应占总枝量的60%。品种不同，各类枝条的比例不同，老弱树要多疏多短截，幼树除骨干枝外，要多长放，少短截。保持一定的枝类比，能使核桃园可持续丰产稳产。

(二)芽

核桃树的芽是产生枝叶的营养器官，决定树体结构，培养结果枝组的重要器官。芽具有以下特点：

1. 异质性　核桃树一年生枝上的芽，由于一年内形成时期的不同，芽的质量差异很大。早春形成的芽，在一年生枝的基部，因春季气温较低，树体内营养物质较少，所以芽的发育不良，呈庇芽状态。夏季形成的芽，在一年生枝春梢的中、上部，此时气温高，树体内养分较多，所以芽的发育好，为饱满芽。秋季在一年生枝的秋梢基部形成的芽大部分为庇芽，夏季伏天高温，呼吸消耗大，生长缓慢，形成了盲节。伏天过后，气温适宜核桃树的生长，秋季雨水也较多，生长逐渐加快，形成了秋梢。在秋梢的中部芽子饱满，

秋梢后期的质量不好，木质化程度差，摘心可提高木质化(图7)。

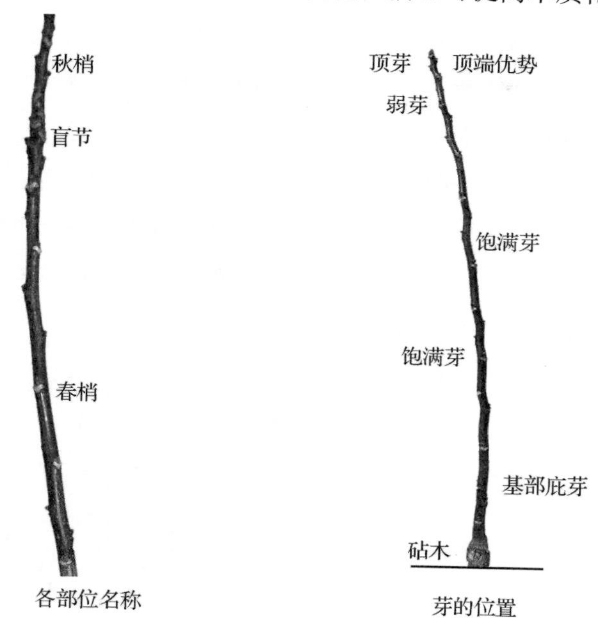

图7 芽的异质性

不同质量的芽发育成的枝条差别很大，质量好的芽，抽生的枝条健壮，叶片大，制造养分多。芽的质量差，抽生枝条短小，不能形成长枝。

整形修剪时，可利用芽的异质性来调节树冠的枝类和树势，使其提早成形，提早结果。骨干枝的延长头剪口一般留饱满芽，以保证树冠的扩大。培养枝组时，剪口多留春、秋梢基部的弱芽，以控制生长，促进形成短枝，形成花芽。

2. 成熟度 早实核桃品种芽的成熟度早，当年可形成花芽，甚至可以形成二次花、三次花。晚实品种的芽大多为晚熟性的，当年新梢上的芽一般不易形成花芽，甚至2～3年都不易形成花芽。

但不同品种之间也有差异。

早实品种核桃树的修剪，可在夏季对枝条短剪，促进分枝而培养枝组；晚实品种的核桃树可在夏季对枝条摘心，促进分枝，培养树体结构，或加速枝条的成熟，有利越冬。

3. 萌芽力 核桃树的萌芽力差异很大，早实核桃的萌芽力很强，如京861、中林1号、辽宁1号，萌芽力可达80%～100%；晚实核桃的萌芽力较差，一般为10%～50%（图8）。角度开张的树，枝条萌芽率高，直立的树萌芽率低。

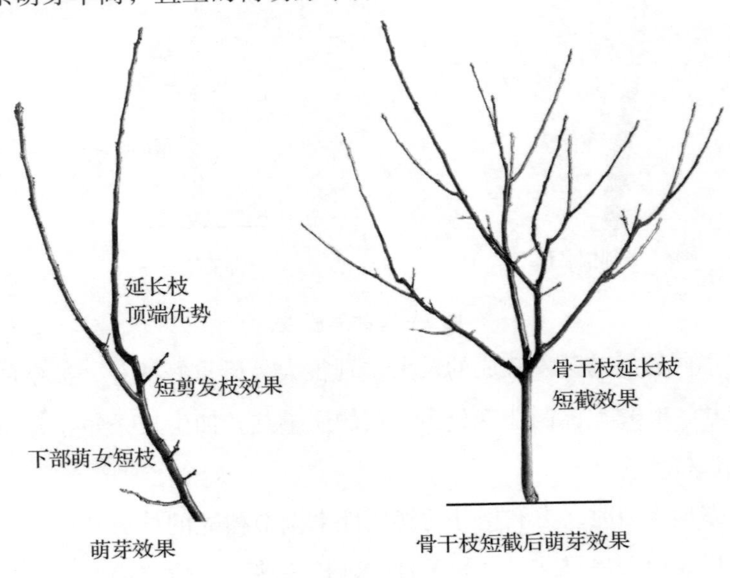

图8 萌芽力

萌芽力强、发枝力强和中等的品种，应掌握延长枝适当长留、多疏少截、先放后缩的原则。萌芽力强、发枝力弱的品种，应掌握延长枝不宜长留、少疏多截、先缩后放的原则。

(三)叶幕

核桃树随着树龄的增加，树体不断扩大，叶幕逐渐加厚，形成叶幕层。但是树冠内部的光照随着叶幕的加厚而急剧下降，树冠顶部受光量可达100%，树冠由外向内1m处受光量为70%左右，2m处受光量为40%左右，3m处受光量为25%，大树冠中心的受光量仅为5%~6%。一般叶幕厚度超过3~4m时，平均光照仅为20%左右。一般树冠的光照强度在40%以下时，果树所生产的品质不佳，20%以下时树体便失去结果的能力(图9)。

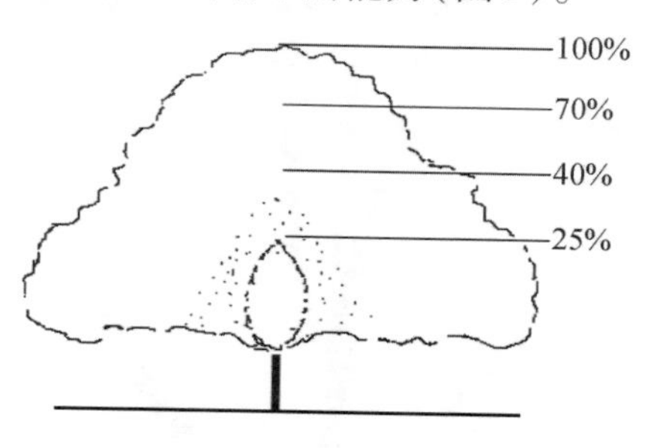

图9　树冠各部位受光量

成龄核桃树的修剪，不仅要考虑枝量和比例，还要考虑叶幕层的厚度。疏散分层性核桃园的密度不高于4m×5m，即亩栽株数不多于33株。树高不超过4m，第一层叶幕的厚度为1~1.2m，层间距为1.5m左右，第二层的叶幕厚度为1m左右。

二、结果习性

(一)结果枝

核桃不同品种间各类结果枝的比例有较大的差别。如辽宁1

号、辽宁3号、晋香、晋丰等品种的短果枝较多；晋龙1号、薄壳香等品种的中、长果枝较多；有些品种的长、中、短果枝均有。各类结果枝的数量还随着年龄的增加而改变。一般幼树以长、中果枝较多；结果大树以短果枝较多；老树以短果枝群较多。随着树龄的增长，结果枝逐步移向树冠的上部和外部，造成树冠内部空虚，下部光秃的现象。修剪时要注意品种和年龄的特点，培养和控制各类结果枝(图10)。

图10　辽宁1号结果枝

核桃树各品种进入盛果期后，大都以短果枝结果为主。短果枝的结果寿命为5～8年。短果枝连续结果的能力也因品种而异。早实类型的核桃品种结果枝连续结果能力较强，在无特殊气候情况下，大小年不太明显，只要肥水条件好，管理得当。晚实类型核桃品种结果枝的连续结果能力也较强，一般也在5～8年。壮树寿命

长，弱树寿命短。

（二）花芽

核桃树的花芽根据着生部位，可分为顶花芽和腋花芽两类。顶花芽为混合芽，着生在结果枝的顶端，顶花芽结果能力较强，特别是晚实品种，顶花芽结果的比例占到80%以上。顶花芽分化、形成较早，呈圆形或钝圆锥形，较大。腋花芽着生在中长果枝或新梢的叶腋间，较顶花芽小，但比叶芽肥大。早实品种的副芽也能形成花芽，在主芽受到刺激，或者生长强旺时也能先后开花，并能结果。腋花芽抗寒性较强，在顶芽受到霜冻死亡后，腋花芽能正常开花结果，可保证一定的产量，所以腋花芽非常重要。早实品种腋花芽的结果能力较强，盛果期前期的树腋花芽可占到总花量的90%以上。

核桃树的腋花芽因品种不同而有差别，早实类型中，中林1号、辽宁1号、京861腋花芽率最高；薄壳香、西扶1号较低；晚实类型的品种中，晋龙2号、清香品种的腋花芽率较高，晋龙1号最低。树冠开张的品种腋花芽多，直立的品种腋花芽较少（图11）。

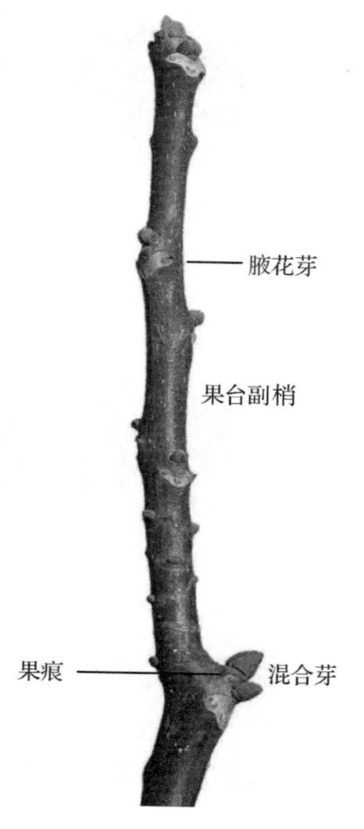

图11　顶花芽和腋花芽

（三）开花

核桃树的花为雌雄同株异花，异序

（偶尔有同序、同花），为单性花。雄花通常着生在二年生枝条的中下部，花序平均长度为10cm左右，最长可达30cm以上。每花序有雌花100～180朵，其长度不与雄花数成正比，而与花朵大小成正比。基部雄花最大，雄蕊也多，愈向先端愈小，雄蕊也渐少（图12）。

图12　核桃雄花序及小花开放

雌花芽萌芽后，先伸出幼叶，以后形成5～15cm长的结果新梢（图13）（结果后形成果台，有些还能形成1～2个果台副梢），顶端着生总状花序，着生方式有单生，花序上只有1朵花，2～3朵小花簇生或4～6朵小花簇生；葡萄状着生，有小花10～15朵，最多可达30余朵；串状着生，有小花10朵左右，最多可达18朵。其中2

~3 朵簇生为大多数，花朵可发育成果实(图 13、14)。

图 13 核桃雌花盛开

图 14 结果新梢

二次混合花序

图 15 早实核桃的二次混合花序

早实核桃二次花着生在新枝顶部，花序有三种类型：一种是雌花序，只着生雌花，花序较长。一般长 10 ~ 15cm；第二种是雄花序，花序较长，一般为 15 ~ 30cm；第三种是雌雄混合花序，下半部分雌花，上半部为雄花(图 15)，花序最长可达 40cm。此外，在上述三种花序中常发现有两性花，有两种情况，一种是雌花子房发育正常，仅在柱头下边萼片内，常有 8 枚雄蕊紧靠在子房周围，也能成熟散粉；另一种是雄花的花蕊发育正常，在多数雄蕊的中间有一发育不正常的子房，柱头伸出雄蕊的外边，不开裂或有时二裂。前者多发现在雌花序和混合花序的雌花中，后者多发现在雄花序和混合花序的雄花中。二次花能形成果实，但商品价值不大，生产上一般不留(图 16)。

图 16　早实核桃的二次穗状果

早实品种的顶花芽受到霜冻后腋花芽常常开花结果(图 17)。

图 17　腋花芽开花结果

核桃树雄花开放后消耗了大量养分，由于营养不良不能发育成幼果而脱落，因此为了节约养分，在芽萌动期间需进行疏花。由于核桃雄花花粉的数量较大，可疏除全树 95% 以上的雄花序，下部雄

花序可全部疏除（图 18、图 19）。

图 18　雄花序伸长状

图 19　疏除雄花序

疏花不如疏枝，疏枝不如疏芽，较好的修剪有利提高核桃的产量和品质。

雄花较多的品种一般丰产性较强，雄先型的品种较多，雌先型的品种次之，同期型的品种最少。

核桃树在开花结果的同时，结果新梢上的叶芽当年萌芽形成果台副梢。如果营养条件较好，副梢顶芽和侧芽均可形成花芽，早实核桃品种的腋花芽翌年可以连续结果。树势较旺，氮肥较多，果台副梢可形成强旺的发育枝(图 20)。养分不足，果台副梢形成短弱枝，第二年生长一段时间后才能形成花芽。腋花芽萌芽形成的结果新梢(果台)上不易发生副梢。

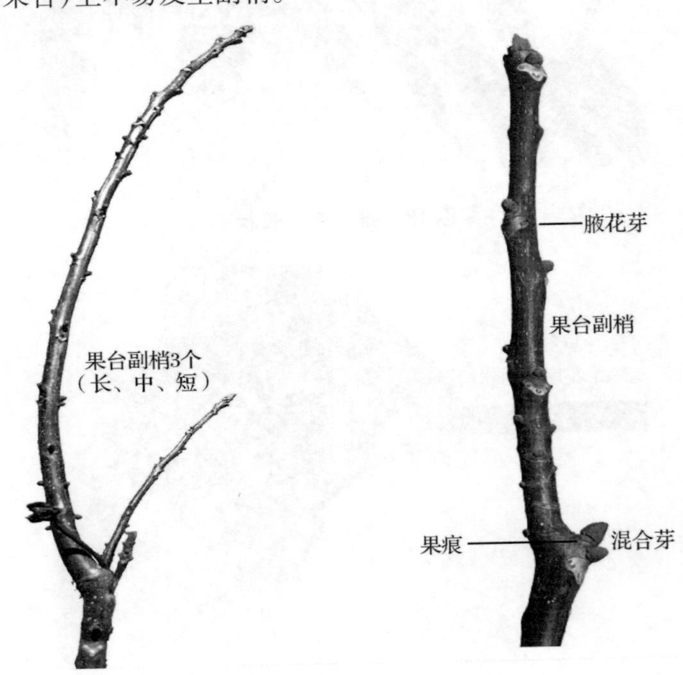

图 20　果台及果台副梢

(四)结果

核桃幼果在发育期间由于养分不足，会发生生理落果。落果的程度因品种而有差别。西林 3 号、辽宁 2 号落果较重。

夏季修剪时，需要进行疏花疏果，以调节营养，提高坐果率，

控制大小年。及时灌水施肥可减少落花落果，并可提高产量和品质。

大部分核桃品种的坐果率较高。核桃树有孤雌生殖的能力，这一习性已经证实。不同品种之间单性结实率的高低有差异。核桃树授粉品种的比例较低，一般在8%～10%，除有孤雌生殖的能力外，更主要的原因是核桃的花粉量多。过多的花粉会造成营养成分的流失，所以，疏雄技术非常重要。疏雄是一项逆向的施肥措施，在修剪中应当准确把握。

第三章
核桃树的整形修剪

核桃树不修剪，也可以结果，但结果少，果实小，枯枝多，寿命短。在幼树阶段，如果不修剪，任其自由发展，则不易形成良好的丰产树形结构。在盛果期不修剪，会出现内膛遮荫，枝条枯死，因通风透光不良结果部位全部外移，形成表面结果（图 21），达不到“立体结果”（图 22）的效果，而且果实越来越小，小枝干枯严重，病虫害多，更新复壮困难。因此，合理地进行整形修剪，使树冠具有良好的通风透光条件，对于保证幼树健康成长，促进早果丰产，

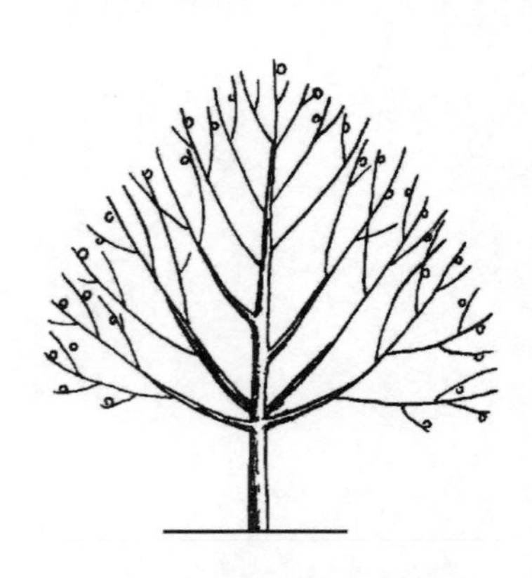

图 21　核桃树表面结果

图 22　核桃树立体结果

保证成年树的丰产、稳产，保证衰老树更新复壮、“返老还童”都具有重要意义。

一、修剪的时期与方法

（一）修剪的时期

核桃树修剪一般在采收后进行，即从核桃树采收后到落叶前。据河北农业大学研究，冬季修剪虽会产生伤流，但伤流的成分几乎全是水分和极少量矿物质，不会对树体影响太大。老树伤流轻，甚至没有伤流，冬季可利用农闲时间进行修剪。

核桃树幼树期间长势很旺，结果很少，需在夏季适当进行拉枝开角、去直立枝或改变方向、去方向朝南挡光最厉害的大枝等。萌芽期间可通过抹芽定枝、短剪、捺枝等方法培养各种树形以形成合理的树形结构和叶幕层。

盛果期树的修剪时期主要在采收后到落叶前。由于在生长前期树上有大量果实，去掉大量枝条会影响当年的产量。因此，采收后两周是最佳时期。此时，光照较强，气温也高，地下水分也较多，根系正在生长之中。修剪后伤口很快会愈合，对于枯死枝、病虫害枝看的也明显，所以是个最佳时期。

（二）树形及其结构

1. 疏层形

适于一般密植的核桃园。疏散分层形应该是最高产的核桃树形（图23）。这种树形的主要优点是：树体高大强健，枝多而不乱，

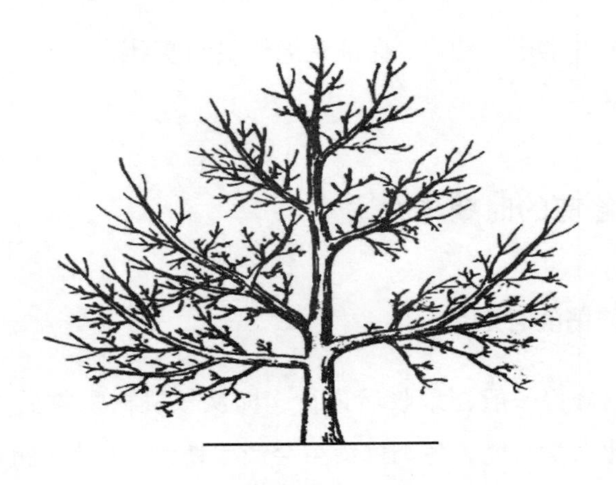

图 23　疏层形树形

内膛光照好，寿命长、产量高。这种树形几乎没有缺点。

疏散分层形多用于生长条件较好、经营管理技术较高的密植园及四旁地。

结构　疏散分层形的结构分两层，第一层由三大主枝组成，第二层由相互错列的两大主枝组成，层间距为 1.5～2m。每一个主枝上着生 4 个左右的侧枝，相互错列配置，第一侧枝距中心干 60cm 左右，第二侧枝距第一侧枝 30～40cm，第三侧枝距第二侧枝 50cm 左右，第四侧枝距第三侧枝 30cm 左右。每个主枝和侧枝都应该有个延长头，以保证结构的完整性。三大主枝的第一侧枝尽量选留在同一侧，以便合理占据空间。到盛果期各个侧枝已经成为大型结果枝组，即每个主枝拥有 5～6 个大型枝组，包括延长头。中心干的头在影响光照之前，即进入盛果期前可以保留，以增加前期的产量，影响光照时及时去掉，保留两层五大主枝。

枝量　核桃园要获得优质、高产、高效的栽培效果，需要有一定数量的枝条。枝量过多会影响光照(光合作用)降低光合效率。枝

量过少会浪费光量，因缺少叶片，不能产生光合产物，最终影响产量。合适的枝量是一个修剪能手靠长期的果园修剪经验掌握的。立地条件不同、品种不同、每棵树的枝量（每亩地的枝量）是不同的，当然产量也是不相同的。不同的栽培与气候条件应当选择相应的品种，即适地适树。选择最佳品种，获得最佳产量、品质和效益是栽培者在最终要求。

2. 开心形

早实核桃密植园，多采用自然开心形（图 24）。这种树形的主要优点是：树冠成形快，结果早，通风透光条件好。缺点是：对修剪要求高，要求每年都要修剪以维持树形，否则通风透光条件会急速恶化。

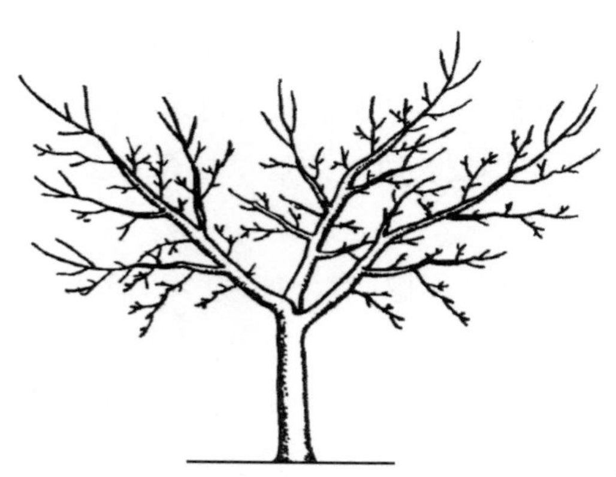

图 24　开心形树形

自然开心形多用于瘠薄土壤园地和较开张的品种，以及经营管理技术高的早实核桃密植园。

（1）结构　开心形树形由三大主枝组成。在主干上直接着生三大主枝，开始也可暂时留中心干，待影响光照时落头。三大主枝及侧枝的培养同疏层形（略）。不同点是由于总的大枝数减少，枝条的总量减少，单株产量较疏层形低。同时开心形由于中心没有干，光照虽好，但易产生向上直立的枝条，形成紊乱。因此要求修剪技术较高，修剪要勤快，及时去除影响光照的枝条。如果修剪好，开心形的核桃园产量由于单位面积的株数较多，产量也较高。

(2)枝量　枝量是指一棵树上枝条的总数。枝条太多会郁闭，影响光合作用。枝条太少果枝率就低，又会影响产量。最佳的枝量是该品种产量最高、质量最好时的数量。这是个理论数字，是个标准。实践当中很难掌握，要靠长期从事修剪和栽培活动的经验来掌握。一般初果期管理好的早实核桃树，即5～6年生的树，单株应该有枝条150～200个(约3kg产量)；肥水管理和修剪较差的就80～120个枝条(约2kg产量)；8～10年生的树，应该有400～500个枝条(约8kg产量)；10～15年生的树应该有600～800个(约16kg产量)。这是丰产园核桃树枝量的指标，它反映了枝量和产量及品质的关系。维持较长时间的这个指标将会获得较高的栽培收益。

另外，核桃树可以采用树形，如十字形、多主枝圆头形等，但总的原则是要解决好光照问题：密植园容易郁闭，宜采用自然开心形；稀植园、散生四旁树，光照条件好，宜采用疏散分层形或自然圆头形。总之，核桃树形没有最好的，只有最适合的。光照好、产量高、品质佳且可持续发展就是最好的树形。

(三)结果枝组

核桃树结果枝组是核桃树体结构的重要组成部分。它可以着生在中心干上，也可着生在主、侧枝上。由于大大小小的各类枝组着生在各级骨干枝上，因而形成了丰满的树形结构，它是核桃树丰产

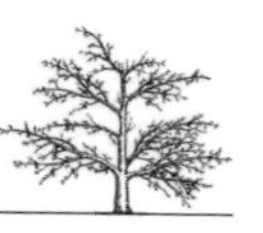

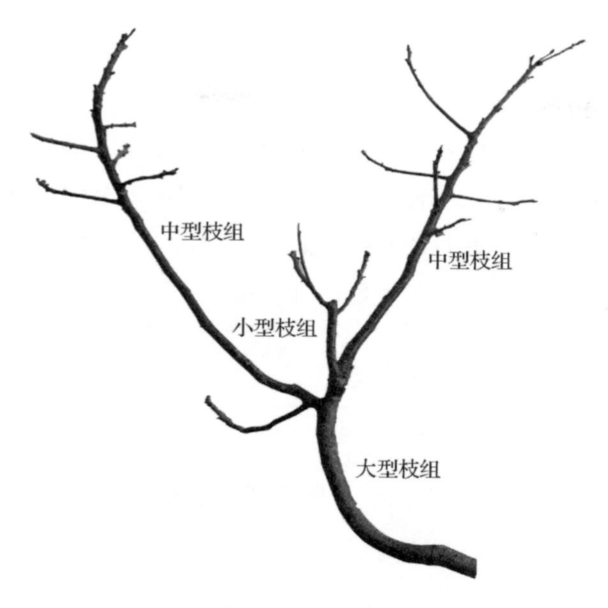

图 25　结果枝组

的基础。科学栽培应从理论上弄清楚它们的位置、类型、结果能力和结果枝的演变过程(图 25)。

1. 小型枝组

小型结果枝组由 10 个以下的新梢组成(秋冬态)，母枝为多年生，独立着生在中心干、主枝或侧枝上，占据较小的空间，可生产较少的坚果。如果用产量来衡量的话，一个小型结果枝组的产量在 0. 2kg(20 个果实)以下。

2. 中型枝组

中型结果枝组由 10 ~20 个新梢组成(秋冬态)，母枝为多年生，独立着生在中心干、主枝或侧枝上，占据一定的空间，可生产 0. 5kg(50 个果实)左右的坚果，是重要的结果部位。每个主枝上有 1 ~2 个中型结果枝组。

3. 大型枝组

大型结果枝组由20个以上的新梢组成(秋冬态)，母枝为多年生，个别当作辅养枝着生在主枝基部或中心干上，多数着生在主、侧枝上，是重要结果部位。每个侧枝上有1~2个大型结果枝组。一个大型枝组可结果1kg(100个果实)左右。一个侧枝也可以说是一个更大的结果枝组，可结果1~1.5kg。

(四)整形修剪的基本方法

1. 秋冬修剪

核桃树一般在采收后2~3周后开始修剪，老树也可在冬季修剪(基本没有伤流)。通常有以下几种方法。

(1)疏剪　把枝条从基部剪除，由于疏剪去除了部分枝条，改善了光照，相对增加了营养分配，有利于留下枝条的生长及组织成熟(图26)。

图 26　疏剪的作用

疏除的对象主要是干枯枝、病虫枝、交叉枝、重叠枝及过密枝等（图 27）。

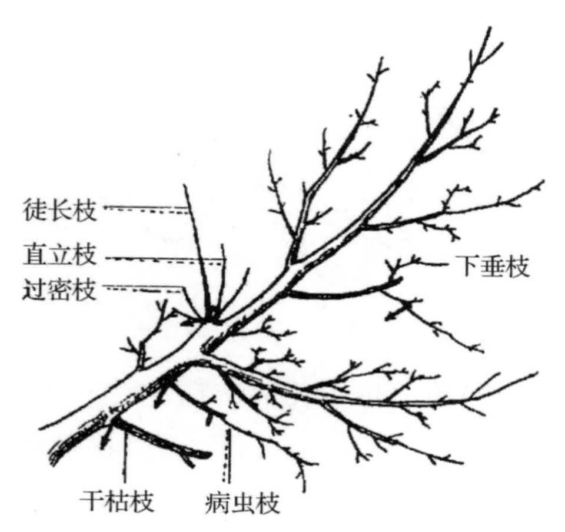

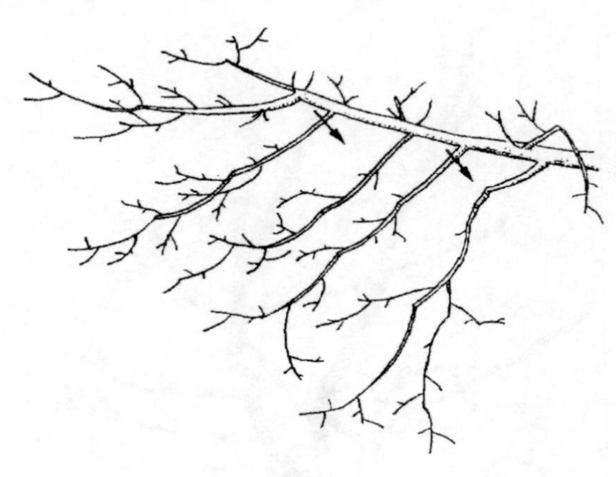

图 27　疏剪的对象

(2) 短剪　把一个枝条剪短叫短剪，或者叫短截、剪截。短剪作用是促进分枝和新梢生长(图 28)。通过短剪，改变了剪口芽的顶端优势，剪口芽部位新梢生长旺盛，能促进分枝，提高成枝力，是幼树阶段培养树形的主要方法。

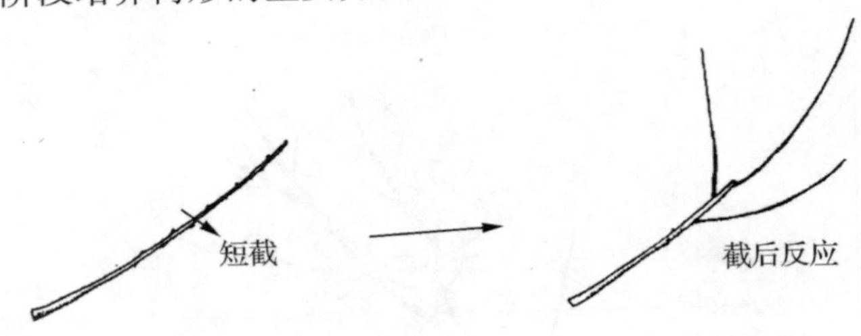

图 28　短剪

(3) 长放　即对枝条不进行任何剪截，也叫缓放。通过缓放，使枝条生长势缓和，停止生长早，有利于营养积累和花芽分化，同时可促发短枝(图 29)。

通过撑、拉、拽等方法加大枝条角度，缓和生长势，是幼树整形期间调节各主枝生长势和培养结果枝组的常用方法。旺树枝条强

壮，可以“先放后缩”，弱树可以“先缩后放”。

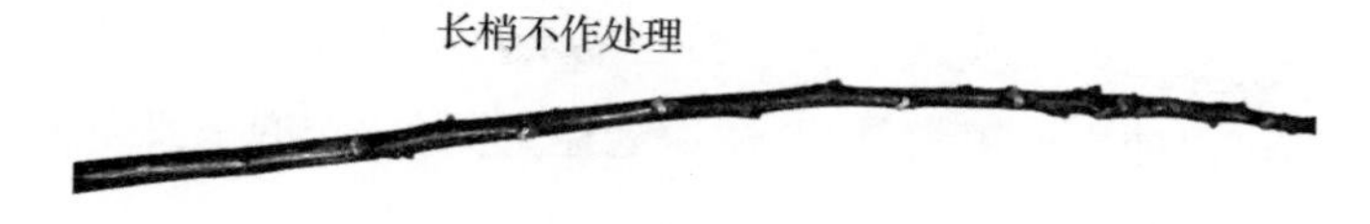

图 29　长放

（4）缩剪　多年生枝条回缩修剪到健壮或角度合适的分枝处，将以上枝条全部剪去的方法叫缩剪，也叫回缩或压缩（图 30）。

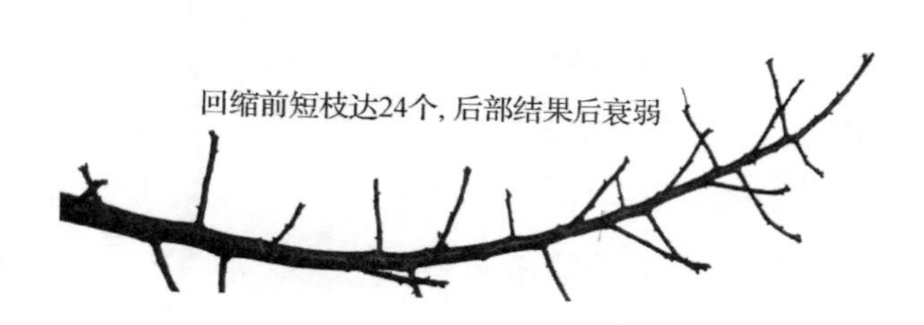

图 30　缩剪

回缩是衰弱枝组复壮和衰老植株更新修剪必用的技术。尤其是早实核桃和衰老的晚实核桃树，经过若干年结果后往往老化衰弱，利用回缩可以使它们更新复壮或"返老还童"。回缩的主要作用是解决生长与结果的矛盾，使其更可持续地进行生产。

（5）开张角度　开张角度是核桃树整形修剪的重要前提，各类树形、各类骨干枝的培养首先是在合适的角度前提下进行的，起码是同步进行的。目前在生产上看到的多为放任树形，几乎没有一个树形和骨干枝是合理的。因此，学习整形修剪首先要懂得开角的必要性和重要性。正确地开张好骨干枝角度是培养好树形的前提和基础，可以事半功倍，提高效率。以下几种方法是最常见的，有些方法和理念是新颖的。

① 扣除竞争芽　强旺中心干或主枝在选留延长头时，首先选择一个饱满芽做顶芽，留 2cm 保护桩剪截。然后扣除第二、第三个竞争芽，使留下的延长头顶芽具有顶端优势，起到带头作用，使下部抽生的枝条均匀，角度更加开张和理想，既节约了养分又使骨干枝更加牢固，同时减少了伤口，这个新的开角方法是从多年试验中获得的，是一个重要的创新，其作用与影响重大而深远。在骨干枝培养方面多使用扣除竞争芽方法可以取得理想的效果（图 31）。

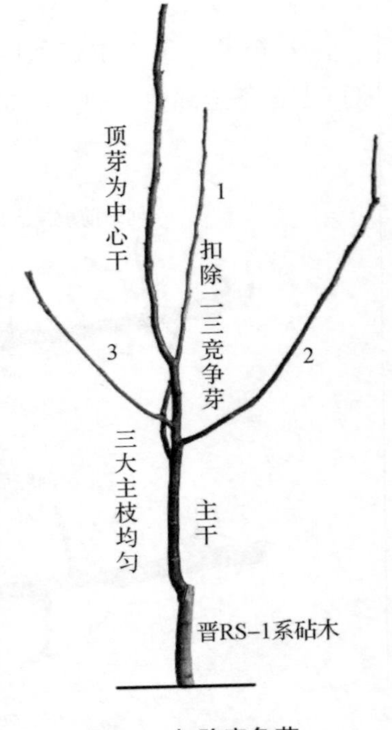

图 31　扣除竞争芽

② 顶芽留外芽做延长头　主枝

延长头留外芽可有效利用核桃树背后枝(芽)强的习性，培养主枝，延长头连续留外芽可培养出理想的主枝角度，即75°~80°。如果延长头大于80°要及时抬高梢角，使之保持旺盛的生长势(图32)。对水果树来讲，常用里芽外蹬的方法培养骨干枝，核桃树则有它的特殊性。

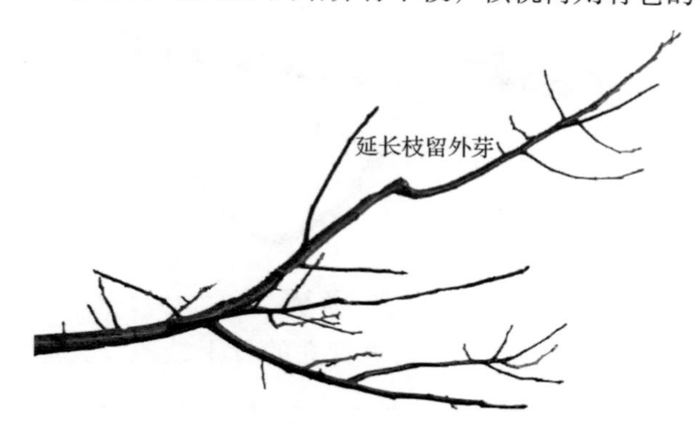

图32　延长枝留外芽

③ 延长枝里芽外蹬　生长势较强的品种培养主枝时，延长头可采用里芽外蹬的方法开张角度。如①所述，扣除竞争芽可开张角度，里芽外蹬加上扣除竞争芽，可迅速开张角度，待延长枝角度合适时，剪除先端的里芽枝，即背上枝(图33)。

图33　里芽外蹬

④ 捺枝　对于树冠内除骨干枝以外的各类角度不合适的枝条进行捺枝，使之达到需要开张的角度。一般捺枝后，由于改变了极性生长的特性，或者说降低了顶端优势，起到了长放的作用，从而形成了结果枝组。捺枝的角度可达到100°以上(图34)。

图34　捺枝

⑤ 撑、拉、吊枝　对于相对直立的骨干枝或者大型结果枝组开张角度，可以采用撑、拉、吊的方法达到目的(图35)。方法不同使用的时间也有所不同，适用的条件也不同，以最方便、最省力、效果最佳为目的。一般在生长季节开张角度省力、效果佳。可撑、可拉、可吊。撑一般对2～4年生的枝条最合适，既不费劲，又容易达到效果；拉也可以，但较费工，需要在地面固定木桩，有时候影响间作物的耕作等管理。拉枝要选择好着力点，否则会在你走后变为弓形枝，在拉枝的时候正确选择着力点非常重要；吊可对2～3年生枝条使用，效果较好。采用市场上买菜用的塑料袋即可，选择好合适的位置，装土后将土袋挂在树上即可，这种方法可大力推广，省工、省力、省料，发现问题好解决。苹果树上使用最多，核桃树上照样可以推广。

(6)背后枝处理　背后枝多着生在骨干枝先端背下，春季萌发早，生长旺盛，竞争力强，容易使原枝头变弱而形成“倒拉”现象，甚至造成原枝头枯死(图36)。处理的方法一般是在萌芽后或枝条

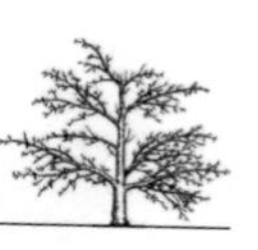

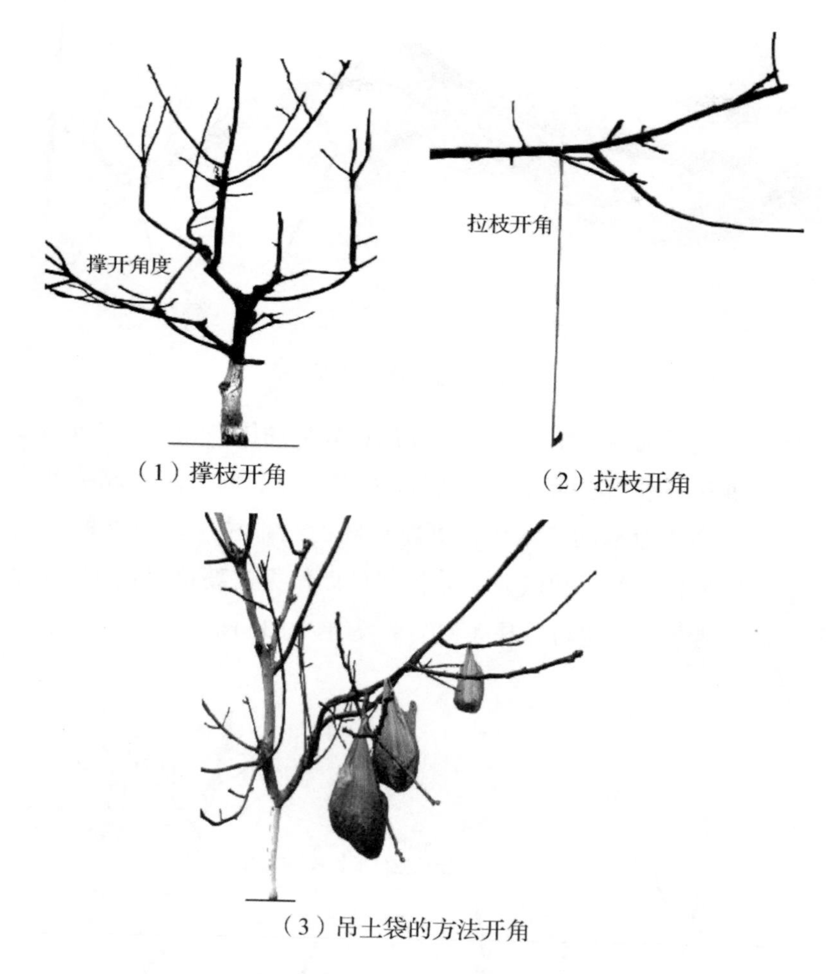

（1）撑枝开角
（2）拉枝开角
（3）吊土袋的方法开角

图 35　撑拉吊的方法开张角度

伸长初期剪除。如果原母枝变弱或分枝角度较小，可利用背下枝代替原枝头，将原枝头剪除或培养成结果枝组。

（7）徒长枝处理　徒长枝多是由于隐芽受刺激而萌发的直立的不充实的枝条。一般着生在树冠内膛中心干上或主枝上，应当及时

（1）背后枝换头　　（2）背后枝强旺

图 36　背后枝的处理

疏除，以免干扰树形结构。处理方法：如果周围枝条少、空间大，则可以通过夏季摘心或短截和春季短截等方法，将其培养成结果枝组，以充实树冠空间，增加或更新衰弱的结果枝组。如果枝条较多，不需要保留就尽快疏除。老树则可以根据需要培养成骨干枝，即主枝或者侧枝，也可以是大型结果枝组（图 37）。

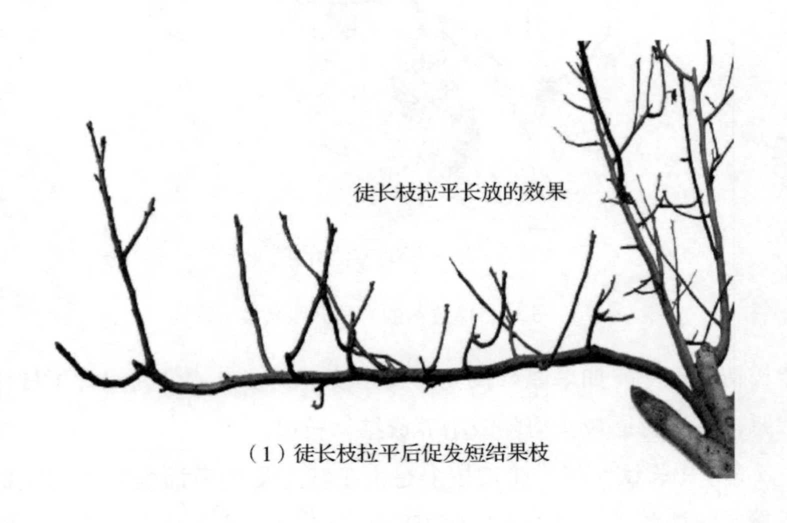

（1）徒长枝拉平后促发短结果枝

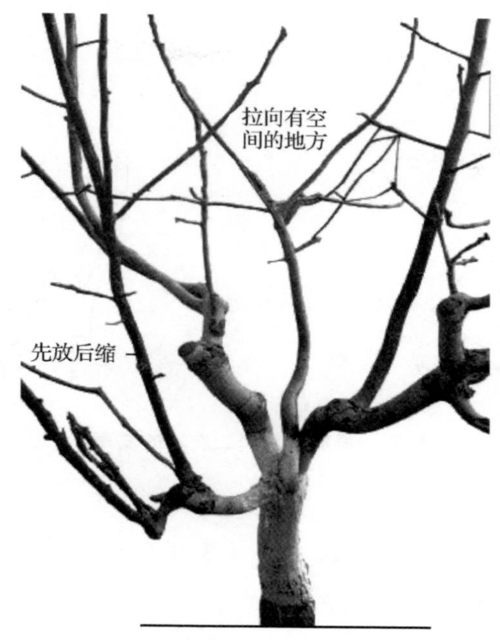

（2）利用徒长枝占据空间

图 37　徒长枝的处理

（8）二次枝处理　早实核桃结果后容易长出二次枝（图 38）。控制方法主要有：在骨干枝上，结果枝结果后抽生出来的二次枝选留一个角度合适的作为延长头，其余全部及早疏除。因为多余的枝条会干扰树形结构，影响延长枝的生长；在结果枝组上形成的二次枝，抽生 3 个以上的二次枝，可在早期选留 1 ~ 2 个健壮的角度合适的枝，其余全部疏除。也可在夏季，对于选留的二次枝，进行摘心，以控制生长，促进分枝增粗，健壮发育，或者在冬季进行短截。

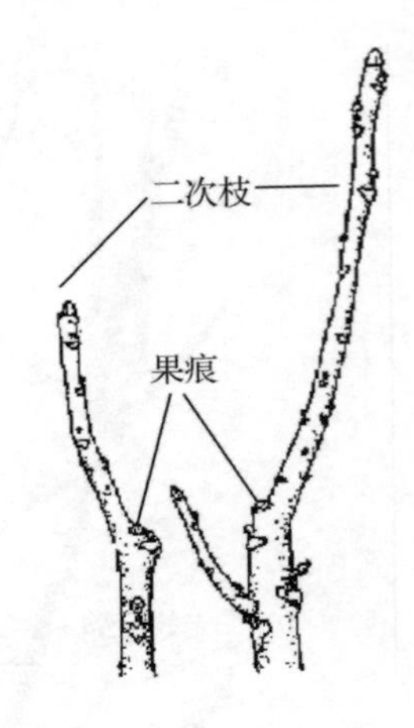

图 38　早实核桃树二次枝的发育

2. 夏季修剪

也叫生长期修剪，简称夏剪。从 3 月下旬萌芽到 9 月采收以前进行，通常采用以下几种方法。

(1) 抹芽定枝　萌芽后抹除多余或者无用的芽，根据方位选择确定需要的芽留下，将来可形成各级骨干枝或结果枝组的带头枝，其余枝芽全部抹掉，以绝后患(紊乱树形造成伤口)。抹芽时应考虑昆虫的危害，特别是金龟子的危害，往往在早春干旱时危害猖獗，吃光叶和芽。因此，要掌握时间和修剪的程度。有时候需要分次处理，以便能保证及时扩大树冠。

抹芽定枝主要针对骨干枝延长头和结果枝带头枝，由于所处的位置不同，往往极性强，顶端优势旺盛，萌发的芽和形成的枝较多。及早处理可以节约养分，使保留下来的带头枝生长更旺盛，免造伤口(图 39)。特别是一些短枝型品种芽距短、芽子多，加上副芽的萌发，在气候合适的时候会形成大量的短枝，或者可形成大年结果过多，造成树势衰弱。因此抹芽也可以说是一种疏果的方法。

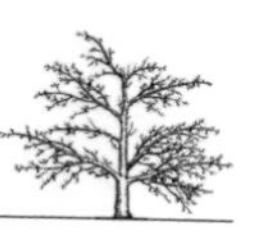

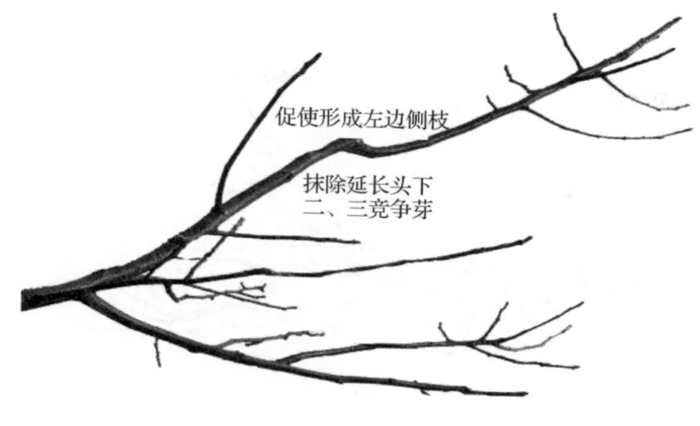

图 39　抹芽定枝

保留适当的枝芽是获得生长与结果平衡、可持续发展的重要措施。

（2）疏枝　就是疏除过多枝条（图 40）。在夏季 5～7 月大量的枝条萌发，除各级骨干枝和各类结果枝组的延长头之外，还萌生了大量的新枝，有些枝条弥补了可以利用的空间，可形成永久的结果枝组；在各级骨干枝的相同位置也萌发了成双成对的新梢，应当及早疏除（未来的重叠枝、并生枝和雄花枝），以免影响骨干枝延长头的生长；在各类结果枝组延长头的附近也萌发了较多的枝条，多数是结果枝，可以形成果实，但会影响稳产，有经验的修剪能手应当根据品种、树龄和当年的产量要求衡量疏枝程度。新梢即翌年的结果母枝，其数量将是下一年混合花芽的数量，即产量的数量。计算的方法如前所述。

（3）摘心　是在生长季节进行的，例如春季 4～5 月份的摘心可培养结果枝组，秋冬季节对旺长枝条的摘心，可以抑制新梢生长，充实枝条。摘心的作用是促进新梢当年形成分枝（图 41），对翌年的产量起关键的作用。摘心可在各级骨干枝上进行，也可在各类结

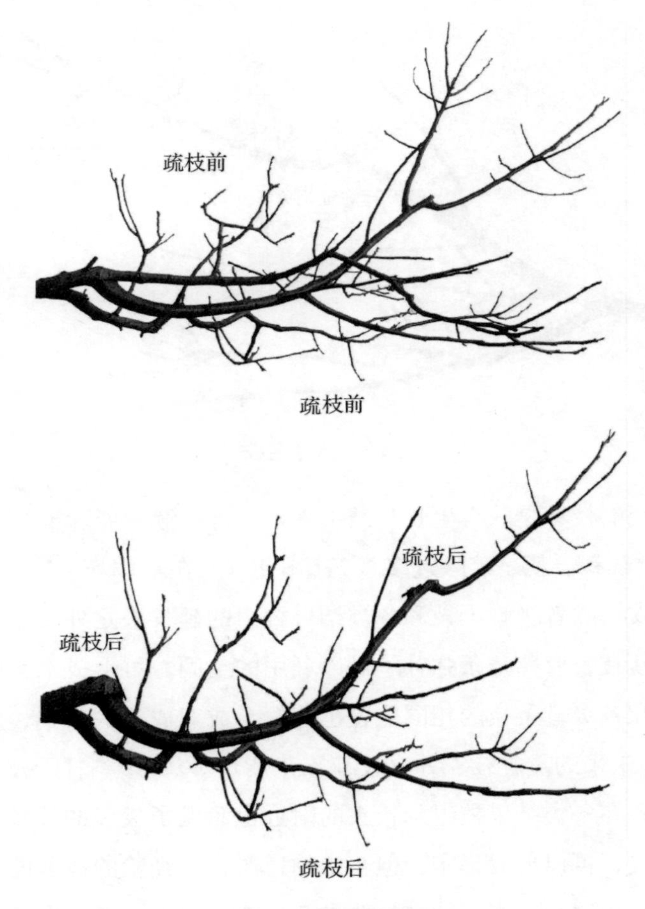

图 40　疏枝前后效果

果枝上进行，但目的和作用不同。高接树为了促进分枝和预防春季抽梢常常在秋季摘心甚至是多次摘心，目的是促进枝条的木质化，抵御来年春季的抽梢。

(4)拿枝　是在生长季节对一年生枝条从基部到梢部用手轻轻向下揉拿，以听到木质部微微断裂的声音，使之改变着生的角度。

图 41　摘心后促进分枝

这是夏季及早开张各级骨干枝的主要方法。做好这项工作，今后的修剪将显得非常简单容易。拿枝在果树上广泛应用，对开张角度、增加分枝量、形成各类结果枝、增加产量起了非常重要的作用(图 42)。

(5)捺枝　捺枝是对树冠内直立枝条压平别住的方法(图 43)。有些位置合适的强壮枝条甩放后可形成大量短枝，是培养结果枝组的主要方法。当然对多余的徒长枝要及时疏除，捺枝是在有空间可以利用时使用，不能大量捺枝，以防造成冠内枝条紊乱。

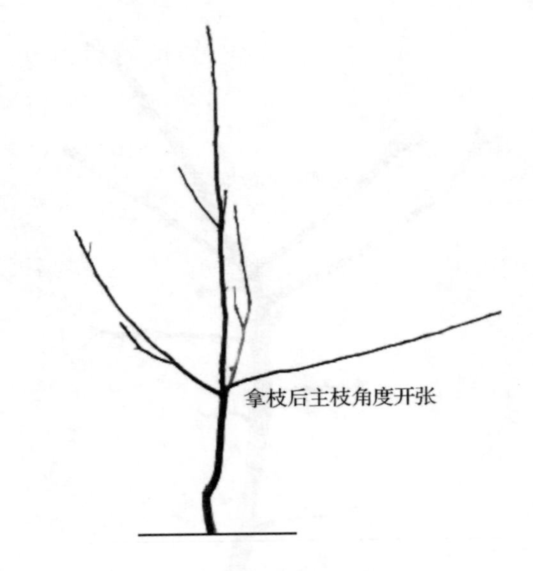

图 42　拿枝的作用

图 43　捺枝后形成结果枝组

二、早实核桃树的整形修剪

(一) 早实核桃树的整形

早实核桃品种由于侧花芽结果能力强，侧芽萌芽率高，成枝率低，常采用无主干的自然开心形，但在稀植条件下也可以培养成具

主干的疏散分层形或自然圆头形。

1. 自然开心形(无主干形)

(1)定干 树干的高低与树高、栽培管理方式以及间作等关系密切，应根据该核桃的品种特点、栽培条件及方式等因地因树而定。早实核桃由于结果早，树体较小，干高可矮小，拟进行短期间作的核桃园，干高可留0.8～1.2m，密植丰产园干高可定为0.6～1m(图44)。

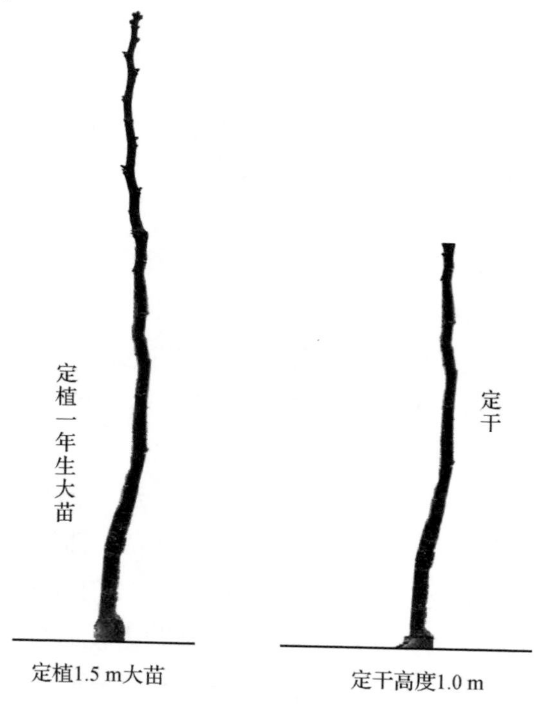

图44 定干部位

早实核桃品种在春季定植的当年，在一年生苗木的中间部位(即饱满芽部位)进行定干(剪截)，留2cm保护桩，扣除第二、第三竞争芽。若采用苗木较小，未达定干高度，可在基部接口上方留

2～3个芽截干，下一年达到高度时再进行定干。

长期以来我国核桃嫁接苗的高度和粗度较小，不能形成很好的树形，事与愿违。现在，我国核桃的苗木已经发生了根本性的改变，逐步与世界接轨，孝义碧山核桃科技有限公司2013年首次使用2011年通过山西省林木良种审定委员会审定的优良砧木品种“晋RS-1”系育苗，开创了我国核桃地上地下良种化的新篇章。

2014年嫁接苗的高度达到1.5～2m以上，并有较大的数量，意味着今后核桃产业的发展水平提高到了一个新的档次。采用大苗定植后，定干的高度要大于干高20cm，作为整形带，如果定干高，还可以扣除顶芽以下的2～3个竞争芽，也叫做高定低留。这样有利于层间距的拉大、第一层三大主枝的平衡和合适的基角。

(2)培养树形

第一步：在定干高度以下留出3～5个饱满芽的整形带。在整形带内，按不同方位选留主枝。大苗主枝可一次选留，小苗可分两次选定。选留各主枝的水平距离应一致或相近，并保持每个主枝的长势均衡和与中心干的角度适宜，一般为75°～80°，主枝角度早开有利丰产而无后患(图45)。

第二步：2～3年生时，各主枝已经确定，开始选留第一层侧枝。由于开心形树形主枝少，侧枝应适当多留，即每个主枝应留侧枝4个以上。各主枝上的侧枝要左右错落，均匀分布(图45)。第一侧枝距主干的距离为0.6m左右。侧枝与主枝的角度为45°，位置要略低于主枝，有利形成明显的层性和利用光能。

第三步：4～5年生时，开始在第三大主枝上选留第二、第三和第四侧枝，各主枝的第二侧枝与第一侧枝的距离是30cm左右，第三与第二侧枝的距离是40cm左右，第四与第三侧枝的距离为30cm。至此，开心形树形的树冠骨架基本形成。

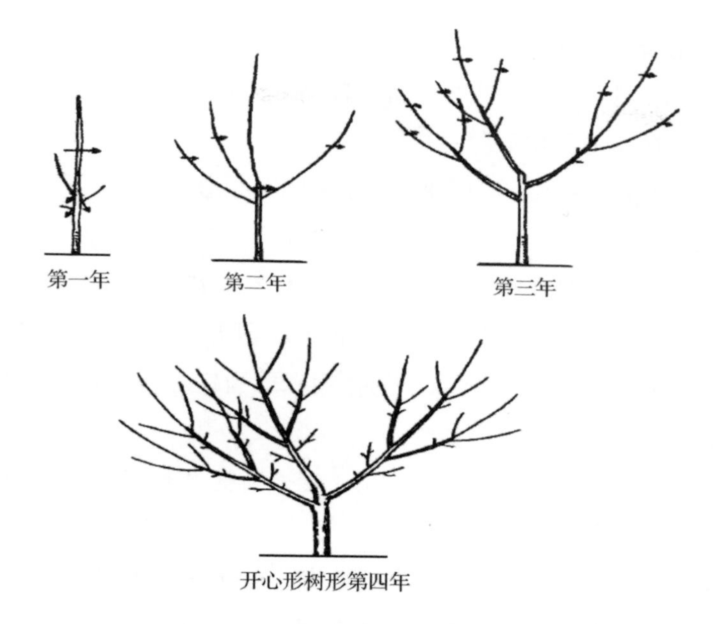

图 45　开心形树形的培养

实践中理想的树形几乎没有，因此说在修剪中应遵循“有形不死，无形不乱”的原则。一开始就规范管理的核桃园树形一般都能培养好，产量也有保障。放任树形较难矫正。下面是常见的自然开心形核桃树形(图 46)。

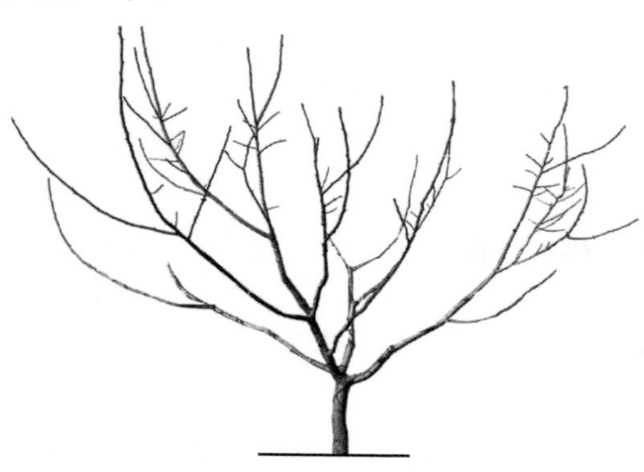

图 46　自然开心形树形(屯留试验站)

2. 疏散分层形

栽培条件好，树势较强、密度较小时早实核桃品种也可以培养成有主干的疏散分层形。

(1)定干　疏散分层形树形的定干同开心形(略)。

(2)培养树形　与开心形树形的不同点是有中心干，因此，要求栽植大苗。定植小苗树形培养不好，容易卡脖子。有中心干的树形要求中心干与主枝之间有一定的比例，即1.5∶1。这样，中心干长势强，可以起到中心领导干的作用，即为培养第二层主枝打好基础。

第一步：定干。当年定植大苗，定干高度为1～1.2m，整形带为20cm，干高留0.8～1.0m。

第二步：2～3年，选留中心干和第一层的三大主枝。

第三步：3～4年，选留各主枝的第一层侧枝。

第四步：4～5年，第二、第三侧枝的选留(同开心形略)。

第五步：5～6年，选留第二层主枝2个，同时选留第一层的第三、第四侧枝。第一层与第二层的间距为1.5m左右。

第六步：6～7年，选留第二层的第一、第二侧枝，同第一层主枝。至此，疏散分层形的树形基本完成。进入盛果期后光照不足时，可开心去顶，形成改良性的疏散分层性，即两层五大主枝(图47、图48)。

(二)早实核桃树的修剪

早实核桃品种分枝多，常常发生二次枝，生长快，成形早，结果多，易早衰。幼年健壮时，枝条多、直，造成树冠紊乱。衰弱时枝条干枯死亡。在修剪上除培养好主、侧枝，维持好树形外，还应

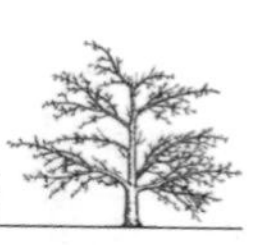

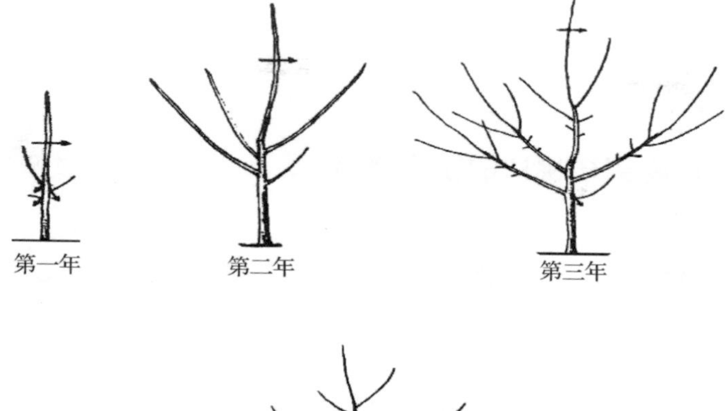

图 47　疏散分层形树形的培养

图 48　疏散分层形核桃园(交城核桃试验站)

该控制二次枝和利用二次枝。疏除过密枝，处理好背下枝(具体方法见修剪方法)。

三、晚实核桃树的整形修剪

(一)晚实核桃的整形

晚实核桃由于侧花芽结果能力差，侧芽萌芽率低，成枝率高，常采用具有主干的疏散分层形或自然圆头形，层间距较早实核桃大，一般为1.5～2.0m。但在个别地方立地条件较差的情况下也可以培养成无主干的自然开心形。(略)

(二)晚实核桃树的修剪

晚实核桃品种的修剪较早实品种重。晚实品种一般没有二次枝生长，条件好一年生枝可以长到2m以上；条件不好，只能长到50cm。为了培养成良好的树形，在修剪中一般多短截，促进分枝。当冠内枝条密度达到一定的程度时，对中、长枝才可缓放。前期主要是短截，扩大树冠的主侧枝需要留外芽壮芽短截，辅养枝、结果枝组也有短截带头枝，促进分枝，尽快使树体枝繁叶茂。

进入结果时期，大量结果后，修剪程度和早实核桃一样，区别不大。

老树更新同早实核桃，区别不大。

四、不同年龄时期的修剪

（一）幼龄核桃树的修剪

核桃树在幼龄时期修剪的主要任务是继续培养主、侧枝，注意平衡树势，适当利用铺养枝早期结果，开始培养结果枝组等。

主枝和侧枝的延长枝，在有空间的条件下，应继续留头延长生长，根据生长势和周围空间及骨干枝平衡情况，对延长枝中截或轻截即可。

对于辅养枝应在有空间的情况下保留，逐渐改造成结果枝组，没有空间的情况下对其进行疏除，以利通风透光，尽量扩大结果部位。修剪时，一般要去强留弱，或先放后缩，放缩结合。对已影响主侧枝生长的辅养枝，可以进行回缩或逐渐疏除，没有空间的及早疏除，免造成大的伤口，为主侧枝让路。有些辅养枝可以成为永久结果枝组，占据空间，相当于一个大的侧枝利用。

早实核桃易发生二次枝，对其组织不充实和生长过多而造成郁闭者，应彻底疏除；对其充实健壮并有空间保留者，可用摘心、短截、去弱留强的修剪方法，促其形成结果枝组，达到早期丰产的目的。

核桃的背后枝长势很强，晚实核桃的背下枝，其生长势比早实核桃更强。对于背后枝的处理，要看基枝的着生情况而定。凡延长部位开张、长势正常的，应及早剪除，如延长部位势力弱或分枝角度较小，可利用背后枝换头。对放任树已经形成的背后枝可以回缩控制，以免喧宾夺主。

培养结果枝组主要是用先放后缩的方法。在早实核桃上，对生长旺盛的长枝，以甩放或轻剪为宜。修剪越轻，发枝量和果枝数越多，最多者大30多个，且二次枝数量减少。在晚实核桃上，常采用短截旺盛发育枝的方法增加分枝。但短截枝的数量不宜过多，一般为1/3左右，主要是骨干枝和平、斜下枝的延长头。短截的长度，可根据发育枝的长短，进行中、轻度短截。

初果期树势旺盛，内膛易生徒长枝，容易扰乱树形，一般保留价值不大，应及早疏除，最好是经常检查，发现萌芽就抹除。如有空间可保留，晚实核桃可改变角度，用先放后缩法培养成结果枝组，早实核桃可改变角度用摘心或短截的方法促发分枝，然后回缩成结果枝组。

注意两个问题：一是看骨干枝配备的怎么样，如有缺少侧枝，尽快通过刻芽的办法或拉枝替补的办法完善。结构圆满，枝量就多；二是严格控制伤口，不要强求结构和性状美观大砍大拉。保持完好的树皮就是保持完好的输送系统。

(二)盛果期核桃树的修剪

核桃树在盛果时期修剪的主要任务是调节生长与结果的平衡关系，不断改善树冠内的通风透光条件，加强结果枝组的培养与更新。

对于疏散分层形树(图49)，此期应逐年落头去顶，以解决上部光照问题。盛果期初期，各级主枝需继续扩大生长，这时应注意控制背后枝，保持原头生长势。当树冠枝展已扩展到计划大小时，可采用交替回缩换头的方法，控制枝头向外伸展。对于顶端下垂，生长势衰弱的骨干枝，应重剪回缩更新复壮，留斜生向上的枝条当

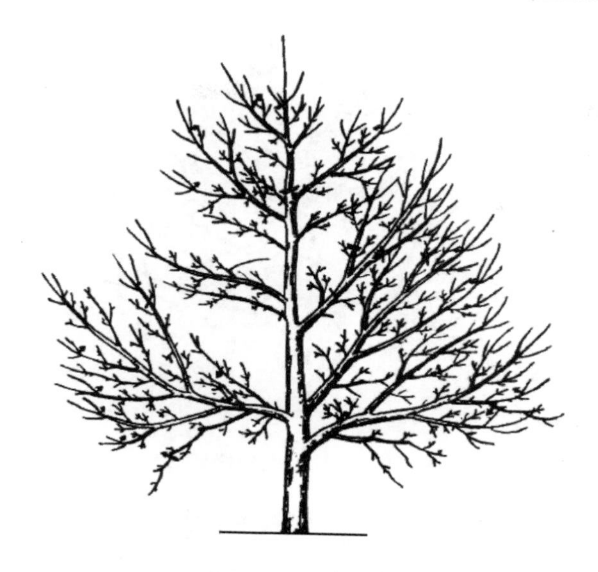

图 49 盛果期大树

头，以抬高角度，集中营养，恢复枝条生长势。对于树冠的外围枝，由于多年伸长和分枝，常常密挤、交叉和重叠，适当疏间和回缩。原则是疏弱留强，抬头向上。留出空间，打开光路。

随着树冠的不断扩大和枝量的不断增加，除继续加强对结果枝组的培养利用外，还应不断地进行复壮更新。对 2～3 年生的小枝组，可采用去弱留强的办法，不断扩大营养面积，增加结果枝数量。当生长到一定大小，并占满空间时，则应去掉弱枝，保留中庸枝和强枝，促使形成较多、较强的结果母枝。对于已结过果的小枝组，可一次疏除，利用附近的大、中型枝组占据空间。对于中型枝组，应及时回缩更新，使枝组内的分枝交替结果，对长势过旺的枝条，可通过去强留弱等，加以控制。对于大型枝组，要注意控制其高度和长度，防止“树上长树”。对于已无延伸能力或下部枝条过弱的大型枝组，可适当回缩，以维持其下部中、小枝组的稳定(图 50)。

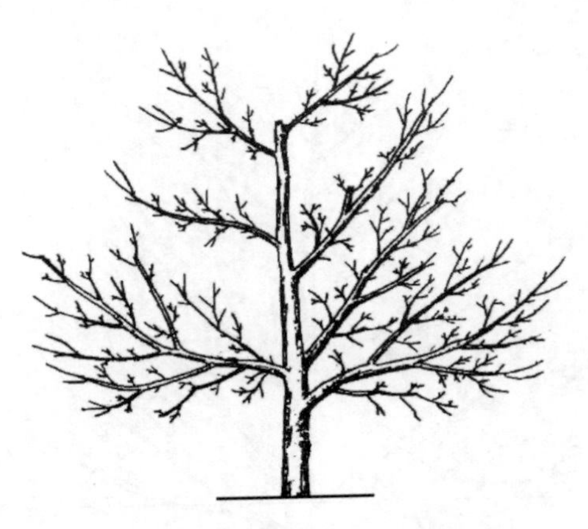

图 50　盛果期大树修剪后

对于辅养枝，如果影响主、侧枝生长者，可视其影响程度，进行回缩或疏除，为其让路；辅养枝过于强旺时，可去强留弱或回缩至弱分枝处，控制其生长；长势中等，分枝较好又有空间者，可剪去枝头，改造成大、中型枝组，长期保留结果。

对于徒长枝，可视树冠内部枝条的分布情况而定。如枝条已很密挤，就直接剪去。如果其附近结果枝组已显衰弱，可利用徒长枝培养成结果枝组，以填补空间或更替衰弱的结果枝组。选留的徒长枝分枝后，可根据空间大小确定截留长度。为了促其提早分枝，可进行摘心或轻短截，以加速结果枝组的形成。

对于过密、重叠、交叉、细弱、病虫、干枯枝等，要及时除去，以减少不必要地消耗养分和改善树冠内部的通风透光条件等。

注意两个问题：一是骨干枝的腰角和梢角，根据生长势确定，原则是不要由于角度小造成后部光秃，力量走向外部；二是冠内的枝量要清楚，经常数一数，看一个主枝一共有多少枝条，各类枝条的比例是多少，枝条的长度和粗度是多少，即结果能力如何。胸中

有数，才能修剪好树。

（三）衰老期核桃树的修剪

老核桃树主要是更新修剪。随着树龄的增大，骨干枝逐渐枯萎，树冠变小，生长明显变弱，枝条生长量小，出现向心生长，结果能力显著下降（图 51）。对这种老树需进行更新修剪，复壮树势。

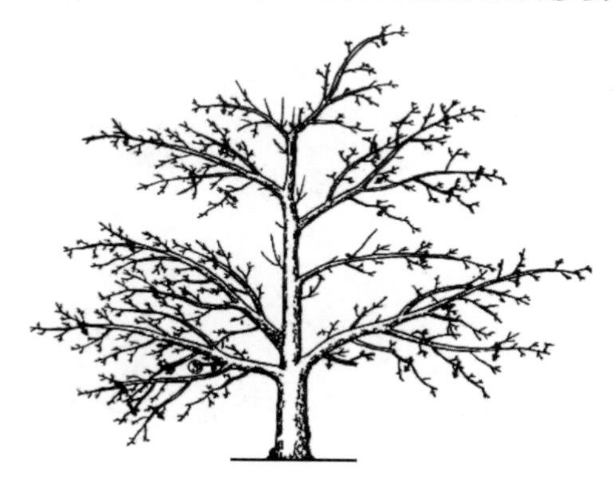

图 51　衰老树疏层形

修剪应采取抑前促后的方法，对各级骨干枝进行不同程度的回缩，抬高角度，防止下垂。枝组内应采用去弱留强、去老留新的修剪方法，疏除过多的雄花枝和枯死枝。

对于已经出现严重焦梢，生长极度衰弱的老树，可采用主枝或主干回缩的更新方法。一般锯掉主枝或主干回缩的 1/5 ~ 1/3，使其重新形成树冠（图 52、图 53）。

注意两个问题：一是随时回缩更新。根据产量和品质（果个的大小）及时更新，使产量不要有大的波动。老树地下肥水管理十分重要，结合进行效果才好；二是老树更新回缩要重。疏除大枝，或回缩大枝，回缩骨干枝。方向从上开天窗，从下去下垂，从外缩主枝。

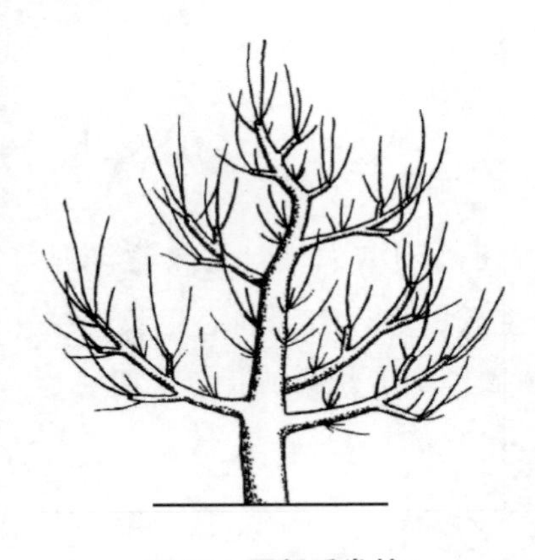

图 52　更新后发枝

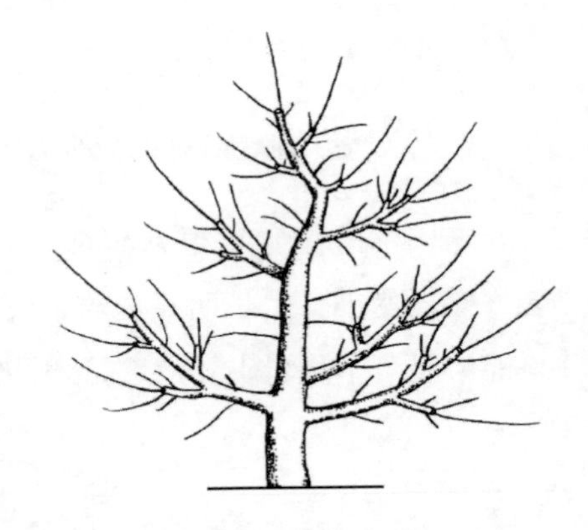

图 53　更新发枝修剪后

(四)放任树的修剪

1. 放任树的表现

(1)大枝过多，层次不清，枝条紊乱，从属关系不明。主枝多轮生、叠生、并生。第一层主枝常有 4 ~7 个，盛果期树中心干弱。

(2)由于主枝延伸过长，先端密挤，基部秃裸，造成树冠郁闭，通风透光不良，内膛空虚，结果部位外移。

(3)结果枝细弱，连续结果能力降低，落果严重，坐果率一般只有 20% ~30%，产量很低(图 54)。

(4)衰老树外围焦梢，结实能力很低，甚至形不成花芽。从大枝的中下部萌生大量徒长枝，形成自然更新，重新构成树冠，连续几年产量很低。

2. 放任树的改造方法

(1)树形的改造　放任生长的树形多种多样，应本着“因树修剪、随枝作形”的原则，根据情况区别对待。中心干明显的树改造为主干疏层形(图 55)，中心领导干很弱或无中心干的树改造为自

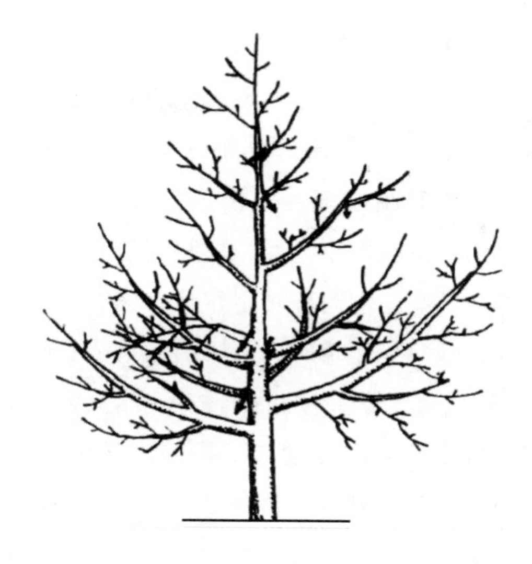

图 54　放任疏散分层形

图 55　改造后的放任疏层形

然开心形。

(2) 大枝的选留　大枝过多是一般放任生长树的主要矛盾，应该首先解决好。修剪时要对树体进行全面分析，通盘考虑，重点疏除密挤的重叠枝、并生枝、交叉枝和病虫危害枝。主干疏层形留

5～7个主枝，主要是第一层要选留好，一般可考虑3～4个。自然开心形可选留3～4个主枝。为避免一次疏除大枝过多，可以对一部分交叉重叠的大枝先行回缩，分年处理。但实践证明，40～50年生的大树，只要不是疏过多的大枝，一般不会影响树势。相反，由于减少了养分消耗，改善了光照，树势得以较快复壮。去掉一些大枝，当时显得空一些，但内膛枝组很快占满，实现立体结果。对于较旺的壮龄树，则应分年疏除，否则引起长势更旺。

(3)中型枝的处理　在大枝除掉后，总体上大大改善了通风透光条件，为复壮树势充实内膛创造了条件，但在局部仍显得密挤。处理时要选留一定数量的侧枝，其余枝条采取疏间和回缩相结合的方法。中型枝处理原则是大枝疏除较多，中型枝则少除，否则要去掉的中型枝可一次疏除。

(4)外围枝的调整　对于冗长细弱、下垂枝，必须适度同缩，抬高角度。衰老树的外围枝大部分是中短果枝和雄花枝，应适当疏间和回缩，用粗壮的枝带头。

(5)结果枝组的调整　当树体营养得到调整，通风透光条件得到改善后，结果枝组有了复壮的机会，这时应对结果枝组进行调整，其原则是根据树体结构、空间大小、枝组类型(大、中、小型)和枝组的生长势来确定。对于枝组过多的树，要选留生长健壮的枝组，疏除衰弱的树组。有空间的要让其继续发展，空间小的可适当回缩。

(6)内膛枝组的培养　利用内膛徒长树进行改造。据调查，改造修剪后的大树内膛结实率可达34.5%。接着结果树组常用两种方法：一是先放后缩，即对中庸徒长枝第一年放，第二年缩剪，将枝组引向两侧；二是先截后放，对中庸徒长枝先短截，促进分枝，然

后再对分枝适当处理，第一年留57个芽重短截，徒长枝除直立旺长枝，用料弱枝当头缓放，促其成花结果。这种方法培养的枝组枝轴较多，结果能力强，寿命长。

3. 放任生长树的分处改造

根据各地生产经验，放任树的改造大致可分三年完成，以后可按常规修剪方法进行。

第一年：以疏除过多的大枝为主，从整体上解决树冠郁闭的问题，改善树体结构，复壮树势。占整个改造修剪量的40%～50%。

第二年：以调整外围枝和处理中型枝为主，这一年修剪量占20%～30%。

第三年：以结果枝组的整理复壮和培养内膛结果枝组为主，修剪量占20%～30%。

上述修剪量应根据立地条件、树龄、树势、枝量多少及时灵活掌握，不可千篇一律。各大、中、小枝的处理也必须全盘考虑，有机配合。

五、高接树树形和修剪

高接树整形修剪的目的是促进其尽快恢复树势、提高产量。高接树由于截去了头或大枝，当年就能抽生3～6个生长量均超过60以上的大枝，有的枝长近2，如不加以合理修剪，就会使枝条上的大量侧芽萌发，使树冠紊乱。早实核桃品种易形成大量果枝，结果后下部枝条枯死，难以形成延长枝，使树冠形成缓慢，不能尽快恢复树势，提高产量。

高接树当年抽生的枝条较多，萌芽多达几十个，需要及时抹芽定枝，确定将来需要作为骨干枝的新梢要有意培养，3～5 天检查一次，随时修剪抹芽，选配好主侧枝，以免浪费营养并造成伤口，做好高接后前三个月的修剪工作非常重要。在秋末落叶前或翌年春发芽前，对选留做骨干枝的枝条(主枝、侧枝)，可在枝条的中、上部饱满芽处短截(选留长度以不超过 60 为宜)(图 56)，以减少枝条数量，促进剪口下第 1～3 个枝条的生长。经过 2～3 年，利用砧木庞大的根系促使枝条旺盛生长，根据高接部位和嫁接头数，将高接树培养成有中央领导干的疏散分层形(图 57)或开心形树形。一般单头高接的四旁树，宜培养成疏散分层形；田间多头高接和单头高接部位较高的核桃树，宜培养成开心形。

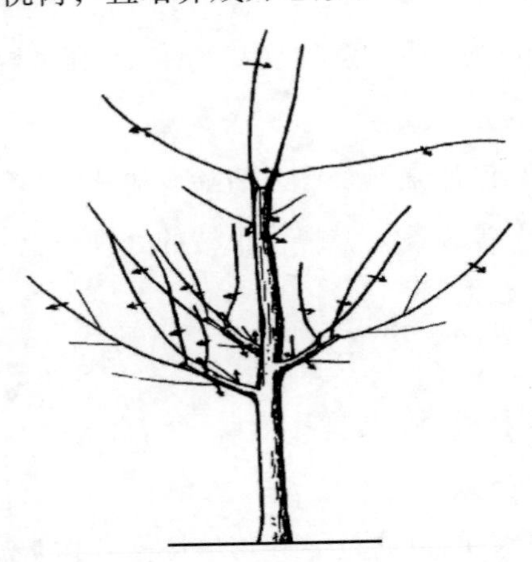

图 56　高接树修剪前

高接树的骨干枝和枝组头一定要短截，不实行短截，将使一些早实品种第二年就开花结果，有些树结果几十个，甚至上百个。结果过早过多，影响了树冠的恢复，造成树体衰弱，甚至使植株死亡，达不到高接换优的目的。因此，高接后的早实品种核桃树两年不要让其挂果，必须进行修剪并疏花疏果。待接口愈合 90% 后尚可

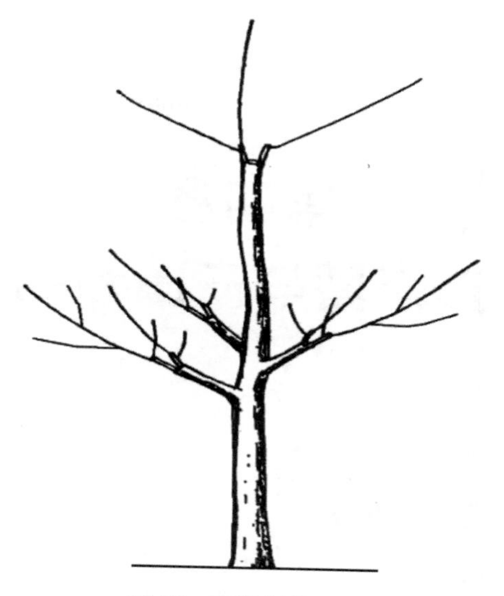

图 57　高接树修剪后

进行大量结果；对于晚实品种的核桃树也一定要进行疏果并修剪，以促进其尽快恢复树势，为以后高产打下基础。

注意两个问题：一是高接树打破了原来地上与地下的平衡，成活后萌芽太多，容易出现主副芽同时萌发，形成重叠枝、多枝并生，紊乱树体。如不及时抹芽定枝，培养树形，会带来修剪麻烦和造成伤口；二是控制结果，早实品种高接成活后，枝多果多，会被一时的景象冲昏头脑，舍不得疏果，造成营养流向果实，使暂时受到损伤的根系得不到恢复，长期下去，不到三年就会全树死去，应及时修剪疏果。高接后 1 ~ 3 年不留果实，待接口愈合度大于 90% 时尚可大量结果。

（部分绘制图源自吴国良、段良骅编绘《现代核桃整形修剪技术图解》）

第四章
核桃树整形修剪与产量和品质的关系

一、树形与产量的关系

(一)开心形树形与产量的关系

开心形树形是根据立地条件、品种和栽培技术而确定的。一般开心形树形的核桃园密度较大，亩栽 33～55 株，成形快，结果早。因此，前期的产量增加快，如果标准化建园，园艺化管理，第四年亩产可达 20～40kg，第六年可达 50～100kg，第八年可达 100～150kg，最大产量可达 200kg，进入盛果期。对于修剪技术的要求更加严格，修剪者必须懂得核桃园的全面管理，明白修剪与土肥水管理的协调性，即互补作用，单纯的修剪不能达到丰产优质的目的。就修剪而言，要严格按照丰产的数字化原理来安排或确定枝量及质量，同时解决好光照，才能达到优质丰产高效的栽培目的。

(二)疏散分层性树形与产量的关系

立地条件较好的地方，如平地、沟坝地，水肥条件好。可选择

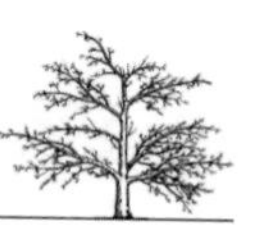

较丰产的品种，密度较小一些，一般亩栽22～33株。相对来讲，前期产量较低，因为单位面积的株数较少。但单株体积很快变大，初果期树包括中心干，可算为4大主枝，当形成第二层主枝时，加上中心干的头，相当于6大主枝，也就是说，成形时的体积相当于开心形的两倍。因此说疏散分层形是最高产的树形，要求对光照的考虑更严格。根据核桃树光照强度的理论，40%以下的区域将为无效区。所以层间距要大，叶幕层次分明，枝条的密度要合理，对修剪技术的要求较严格。从整体的枝量和质量控制，提高每一个结果枝的有效性。如果说开心形对修剪技术严格的话，是说对单层叶幕层内枝量的控制和光照的最大化。而疏散分层形对修剪的严格更全面，除此之外，还要考虑层间距，即双层叶幕内枝量和质量的控制。那么该树形的产量后期要高于开心形。修剪合理，肥水管理得当，亩产量可达到300kg以上，甚至更高。核桃园的经营管理并非那么简单，结果容易、丰产较难；产量容易、质量较难，经济效益高更难。

二、密度与产量的关系

核桃园密度与产量的关系有两层意思，除与单位面积的栽植株数有不同外。一是枝条密度，枝条的密度决定叶幕的密度，并非单位体积内枝条越多越好，过多的枝条会增加叶片的数量，使局部郁闭影响光合作用，光能转化率不能达到最佳；二是枝条的质量，它决定于上年的母枝质量。因此，对于修剪人员来讲，不管技术高低，首先是去掉无用枝。其次是占据空间，如在一定的密度4m×5m内，单株的直径最大是4m，那么两层叶幕的体积尽量圆满，呈三角形或葡萄叶形，则有缺陷，或者有浪费空间。核桃园的经营是在经营叶幕(枝条，光合作用)，修剪技术是在培养光合效能最大化下的枝条最大化、叶幕最大化，即产量最大化。

三、修剪与产量的关系

修剪与产量的关系是指修剪量与产量的关系。修剪量指剪掉枝条的数量和质量。剪什么枝条，剪多少枝条，留下什么枝条，形成什么样子最有利结果，有利坚果的质量，这就是技术的内涵。高水平的技术员，恰到好处，较差的技术员较盲目，胸中没有理论底数，不知道修剪与产量和质量的相互关系，更没有光合效率的概念。所以，作为修剪技术不是那么简单，要考虑它的系统性。修剪是整个核桃园经营的一部分，修剪者来到核桃园首先要全面细致查看一番，了解该园管理的基础，要对核桃园(树)有个基本评价，提出修剪方案，征得主家同意后才能动手。修剪后预计秋季的产量是多少，树势会有什么变化，做到可持续发展。

(一)枝角与产量

核桃树的修剪历史较早。我国虽然有较长的历史，但从研究来讲尚属较低水平。在有各类年龄时期的核桃园中，理想的树形不多，因为没有经过修剪，所以，最大的问题是枝条的角度不合理，自然生长，即90%以上的树大枝多且主枝直立，说明前期没有开张角度，或不知道多大角度合适。调查发现，丰产的树形都开张圆满，梢部与腰部的枝量丰满，质量均衡，光秃枝少。这样的树形、枝条角度是理想的。因此对于修剪者来讲第一要素是开张角度，幼

树期间首先要把主枝的角度控制在75°～80°，极性强的品种（枝条硬度大）控制在80°，较弱（枝条较软）的品种控制在75°。

角度开张的树形，光照条件好。调查发现，角度开张，大枝少小枝多。即“大枝亮堂堂，小枝闹嚷嚷”。大枝少对光照的遮挡就少，同时也没有光秃枝，因为开张的主枝后部枝条也能生长较好。在相同体积内有效枝条多，光合强度大，光合效率高，产量就高。

（二）枝角与品质

同理，主侧枝枝角合理，结果母枝的数量多，质量均衡，开花的质量也好，坐果后到成熟前的光照充足，光合效能好，碳水化合物多，因此品质也好。另一方面，幼树期间果实的风味往往不如盛果期的好，原因就在于大树能够反映品种的品质特性。在生长与结果平衡时，坚果的品质是最好的。角度直立反映出来的是生长优势，所以角度直立，内膛的坚果品质就较差。

第五章
核桃树修剪与树势的关系

核桃树修剪对树势有重要影响。首先是改变了光路和水路。剪掉一部分枝条就腾出一片空间，光线就进入树体，改善了光照条件；剪掉一部分枝条就减少了对水分的消耗，从而对节省的水分进行再分配，使留下的枝条得到更多的水分，这就是修剪对树势影响的根本原因。修剪对核桃树的大小是减少，但留下来的枝条质量提高了，生长势增强了。如果修剪量太大，大砍大拉，伤口增多，树势反而削弱了。修剪对树势的影响也是一分为二的，辩证的。所以说，修剪技术非常重要，应当高度重视，正确把握。

一、树势评价体系

树势评价体系非常重要，一个核桃修剪技术人员不懂如何评价树势，就不能够提出科学合理的修剪方案。即使修剪也是盲目修剪，起码心中没有底数，达不到修剪的最佳目的。

（一）树势与立地条件

立地条件好，树势就较强。国外核桃园基本上都在平地建园，并且有灌溉条件。我国人多地少，土地利用率较高，尤其是核桃园，各种条件都有，这就增加了管理的难度和成本。立地条件好树势容易调节，因为较好的肥水可以增加树势。而条件较差的地方，土壤贫瘠，缺乏肥水，一旦树势衰弱，很难恢复。因此修剪技术人员应当充分考虑核桃园的立地条件，慎重下剪。

山地核桃园，修剪要轻，切忌造大伤口。除解决好通风透光外，适当疏除一些弱小枝即可。根据预测产量提出肥水管理要求，如果没有条件则要疏花疏果，保持树势健壮的条件下结果，不能让产量把树势搞垮。其实山地核桃园（立地条件较差）的管理要把土肥水放在首位，其次才是修剪。基础管理搞好了，修剪会取得满意的效果。

（二）树势与土肥水管理

土肥水管理条件好，树势就强。修剪能够发挥最大效益，容易达到预期的效果。修剪者估计产量比较准确，留枝量和留果量容易掌握。土肥水管理条件差的核桃园树势普遍弱，尤其是进入盛果期后，肥水管理成为核桃园管理的主要矛盾。修剪主要是去掉无用枝，调整结果枝组，提高结果母枝的质量。总之，要想多结果、结好果，必须树势好。土肥水管理好树势才壮。

（三）伤口对树势的影响

俗话说，“人活脸树活皮”。核桃树如果刮掉皮，造成较大的伤口，树势肯定不旺。因为树皮是树体水分养分的通道，破坏了树皮就等于破坏了通道，输液流动慢了，树势自然也就弱了。因此，从建园栽植开始，定干就要一步到位，不要改造，使主干通直，不造任何伤口。以后要经常检查，一旦发现有萌蘖，及时抹掉，能抹不剪。主枝尽量少造或不造伤口，使从根部吸收上来的水分能够很快输送到树体顶部直至所有的叶片，也能够把光合产物迅速下运到根部，这样上下交流频繁树势生长就旺。有修剪就有伤口，但修剪越早伤口就越小、越少。胸中有树形，修剪自然有底数。不需要的枝条及早疏除，优柔寡断必成后患。特别要注意内膛枝和辅养枝，该去就疏去。大树主要是结果枝组的调整，基本不会造成大伤口，尤其不会造成骨干枝的大伤口。

(四)伤口保护

伤口出现后应当及时保护，以免造成不良后果。幼树期间是培养树形的时期，伤口处理不当会适得其反。主干造成伤口，极易形成小老树。盛果期树容易发生腐烂病，主干发病需要刮治，刮治即形成伤口。老树更新时必然会锯除大枝，形成较大的伤口。所以，伤口保护处理不容忽视，是修剪管理中的重要环节。不能“一把剪子一把锯，修剪完毕就离去”。一个好的修剪工人，完工后应当树上树下清理干净，伤口平滑保护。没有白色伤口，没有干橛子，感到清新、明亮和舒畅。

2cm以下的伤口，修剪平滑即可，锋利的锯剪不会留下毛毛渣渣。2cm以上的伤口必须用保护剂或油漆涂封，消灭病菌，防止水分蒸发，保证剪口芽正常萌发。较大的伤口杀菌后用油漆涂严。老树上的伤口杀菌后，还可以用水泥等填充物封严。

二、品种生长势评价

关于核桃树的品种生长势评价尚属首次，没有较细的定论，仅从修剪的角度加以评述。目前我国核桃品种多达一百多种，可以说由弱到强是个渐进的过程，归类是个常用的方法，下面用枝条类型分别对各品种加以阐述。

（一）短枝型品种

短枝型品种萌芽力较强，成枝力较弱。由于养分较平均地分配到各个芽，顶端抽生大枝的数量很少，特点是大枝少、短枝多。尤其是角度开张的枝条，当年缓放，多发生短枝条。正常的外围延长枝具有代表性，尤其是骨干枝，顶端的分枝可明显地辨别出是哪类品种。一般中剪的延长枝，剪口附近的几个芽都是饱满芽，能够抽生 1～3 个中、长枝，约占发枝数的 1/6～1/5。节间距离较短，属于短枝型品种。特点是短枝比例多，节间短。辽宁系品种具有代表性（图 58）。

短枝型品种不一定生长势弱，平常认为短枝型品种就弱是错误的观点，应该说短枝型品种树势容易变弱。由于短枝型品种芽饱满，容易成花，结果多，控制不当常常使树势由强变弱，形成小老树。修剪技术的关键要着眼于平衡生长与结果关系。盛果期的树要保持 55% 的力量长树，45% 的力量结果。

幼树期间是培养树形阶段，短枝型品种要适当多短截，促使形成较多大枝，尽快扩大树冠。进入结果期间，要及时疏除过多的、直立的、向内生长的二次枝，特别是细弱的短小枝条，保持冠内强

图 58　短枝型树形

壮清晰态势。盛果期及时回缩和疏剪，保持结果枝组的空间和旺盛的结果能力。

(二) 中枝型品种

中枝型品种是指中等长度的枝条比例较多的品种，萌芽力与成枝力均较高。一般被剪的延长枝，剪口附近的饱满芽，能够抽生3～5个中、长枝，约占发枝数的1/4～1/3。节间距离中等，属于中枝型品种。特点是中短枝比例多，节间长，居中。鲁光、香玲品种具有代表性，核桃品种多数为该类型。

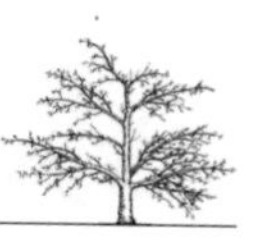

中枝型品种生长势中等，中、短枝容易形成果枝群，大量结果后容易衰弱。保持一定的生长势可维持较长的结果期。同时，中枝型品种有较多的中、长枝，对于树形培养和枝组的形成都较容易。在核桃园中应该属于较好管理的树(图59)。

图59　中枝型树形

(三)长枝型品种

大多数旺长树属于长枝型品种。特点是长、中枝较多，生长旺盛，结果较少。晚实品种大多数属于此类，如晋龙1号、晋龙2号、清香等。早实核桃品种如中林1号、中林3号、西扶1号、薄壳香等，节间较长，有些长达5cm。一般延长枝中剪后，剪口附近的饱满芽能够抽生 4～6 个中长枝，约占发枝数的 1/3～1/2。而且枝条多直立，有些品种还有包头生长的习性。这些品种极性强，幼树期间如果不及时开张角度，以后很难开张，5～6 年生树就非常困难。初果期后的树开张角度就必须借助手锯进行拉枝，甚至需要二次锯，增加了难度和修剪成本。同时由于树枝较旺、结果较少，影响了前期的经营收益。长枝型品种生长势强，结果寿命较长，同时抗病性也较强。利用好这些特性，有利核桃园的可持续收益。但也要较早地开张角度，以便获得早期收益(图 60)。

图 60　长枝型树形

三、修剪原则

（一）主枝、侧枝与结果枝组的比例

管理较好的树，主枝、侧枝与结果枝组有一个合理的比例。既好看又实用。看起来大枝明晰，小枝繁多。实际上通风透光好，产量品质好，经济效益高。那么在盛果期的理论数字应该是1：5：20（100～200个新梢）。

开心形树形有三大主枝，15个侧枝（含延长头），60个结果枝组，约有400～600个新梢。早实品种按果枝率80%计算，有结果枝320～480个。果枝平均结果按1.5个计算，可结果480～720个，每千克核桃按100个计算，单株产量为4.8～7.2kg。如果栽培密度为4m×5m，亩栽33株，则亩产量为158.4～237.6kg；疏散分层形树有主枝5个，侧枝25个（含延长头），100个结果枝组，约有新梢600～900个。早实品种按果枝率80%计算，有结果枝480～720个。果枝平均结果按1.5个计算，可结果720～1080个，每核桃按100个计算，单株产量为7.2～10.8kg。如果栽培密度为4m×5m，亩栽33株，则亩产量为237.6～356.4kg。搞好修剪工作，提高核桃园的整齐度非常重要。

核桃园栽培密度不同、品种不同，在各个年龄阶段结果枝的比例不同、果枝平均坐果量不同、单果重不同，产量即不同。坚果出仁率不同，产仁量就不同，核仁的质量不同，单价就不同，那么亩产值也就不同。围绕核桃园经营的目的，做好修剪等管理工作是修剪技术人员的基本职责。

(二)枝条(树冠)密度控制

核桃园枝条密度控制原则是前促后控。幼树期间适当多短截，促进尽快成形，增加枝量，以达到盛果期。盛果期前期，力争达到理想的主枝、侧枝与结果枝组的比例。从而达到丰产稳产，优质高效。如果在盛果期缺乏正常的每年采收后的修剪，枝条的数量将会急剧增加，而枝条的质量有所下降，在肥水缺乏时，大量结果枝枯死，出现大小年现象，树势变弱。

根据各类枝条在树冠中的分布情况和光合效率的合理性，短枝的分布空间为10～15cm，中枝的空间为15～20cm，长枝的空间为50cm。各类枝条的比例在不同年龄阶段不同。幼树期间中、长枝的比例较多，进入盛果初期的树中、短枝比例较多，老树短枝(群)比例较多。合理的枝类比例有利增强树势和持续丰产。

幼树期间，适当多短截，加快分枝，在开张角度的同时增加中短枝比例，盛果期维持中短枝的比例，老树及时回缩更新，提高短枝质量，保持一定数量的中短枝，可以达到延长经济寿命的目的。

(三)各级骨干枝的角度

各级骨干枝的角度在树形结构形成、树体生长势、产量和品种方面都非常重要。因此在修剪实践中得出一些数字规范，请参考以下各级骨干枝角度参数。

1. 主干

主干(中心干)与地面垂直，成90°，生长极性强。如果发现幼树主干倾斜，角度小于90°或中部弯曲，请设立支柱调直。垂直的主干及中心干生长势最强(图61)。

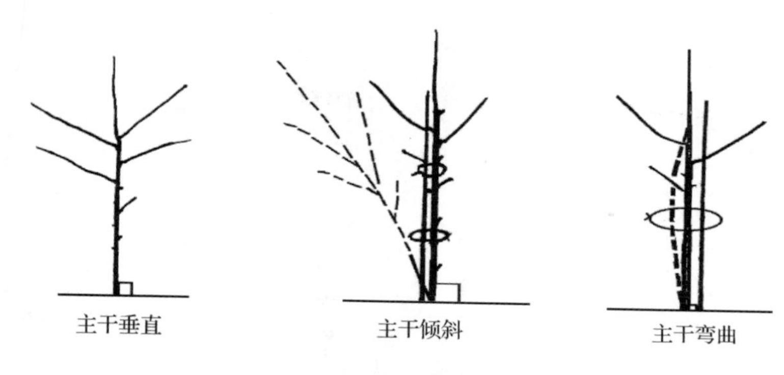

图 61　主干角度的调整

2. 主枝（角度与发生位置）

核桃树三大主枝的平角为 120°，可以合理占据空间。主枝发生的部位会影响中心干的生长势，即邻接着生会形成掐脖现象，抑制中心干的生长势。三大主枝临近着生，相互错开较合理。如果中心干的粗度大于主枝粗度的 50% 以上，邻接着生的影响不大。主枝与中心干的角度，基角为 65°、腰角为 75 ~ 80°、梢角为 70°是理想的角度。这种树形结构的体积最大，其内部的空间最大，可容纳较多的结果枝组，并且对光能的利用率高。所以这种树形是最丰产、最省工、高效益的（图 62）。

图 62　主枝着生位置及角度

图 63　大苗定植定干后发枝

在生产中可以看到定植大苗定干后，扣除竞争第二、三芽，促使下部萌发的三大主枝的角度非常适合。栽大苗不仅可以高干低留，主干较高、较粗，中心干的粗度也是主枝的 1.5 ~ 2 倍（图 63），这样的结构即使有点邻接问题也不大。但是，如果中心干的粗度和主枝的粗度一样大，甚至中心干的粗度还没有主枝的粗，那么，将来一定会出现下强上弱，最终成为开心形树形。

3. 侧枝

从图 64 可以看出，三个侧枝与主枝的夹角为 45°，向背斜下侧延伸生长，占据空间，形成大型枝组。侧枝上的枝组互不干扰，枝

组内的枝条可交替生长，去弱留强，保持旺盛的生长和结果能力。

图 64　侧枝排列与夹角

（四）控制伤口原则

核桃树修剪不免要造成伤口，而伤口的位置、大小和数量会直接影响树势，所以，在核桃树的整形修剪过程中必须高度重视伤口的控制。科学合理地修剪，既可培养出丰满的树形结构，又不留具有影响树势的伤口。相反，修剪不当，不仅会造成大量伤口，形成愈合困难，还直接影响将来的结果和寿命。下面分别提出控制伤口的基本原则。

1. 部位

在主干上一般不造成伤口，主干上的伤口对树势影响最大。伤口的数量和面积越大影响越大。因此要尽量控制在主干上造成伤口，特别是较大的伤口。预防主干伤口的发生有两条，一是栽植大苗，可直接选择光滑通直的树定干，然后一次性留出第一层主枝。

如果在主干部位发现萌蘖，及时抹掉；二是如果栽植苗木较小，可在基部接口以上 2～3 个芽处截干，留出保护桩。待萌芽后长成大苗，下一年再定干。主枝上一般也不留伤口，伤口对树势的影响仅次于主干。因此，主枝上的伤口也要及时控制，背上枝及早去掉，背下枝及时控制或疏除，根据树形培养步骤，随时疏除多余枝条。中心干上的分枝，要及时控制。至选留第二层主枝前，在层间距部位可留 2～3 个中、小型结果枝组，严格控制大小，以免造成冠内郁闭。多余枝组及时疏除，不要造成伤口。免造伤口的唯一办法是在整形修剪期间经常循环检查，及时修剪。在 5～6 月生长高峰期每周检查一遍，发现位置不合适的枝条及时抹掉或疏除。

2. 面积和数量

在整形修剪中尽量不造伤口，或少造伤口。万一需要处理枝条，造成伤口，也要考虑伤口的位置和面积。主干上的伤口直径不要超过主干粗度的 1/3，数量不超过 1 个；主枝上的伤口直径不要超过主枝粗度的 1/4，数量不超过 2 个。新伤口须及时消毒处理，超过 2cm 的伤口还必须用封口剂保护。

（五）提高资源利用效率

1. 地下肥水资源的利用

核桃园的建立，要对地下肥水资源进行利用。资源利用是否充分，与前期栽植密度、树体生长，以及修剪管理有一定的影响。密度合适会合理利用地下的养分与水分。稀植的核桃园对地下肥水有所浪费，因此适当密植和林下间作对于合理利用地下水分、养分具有重要意义。变化性密植也可在建园时考虑。从修剪的角度考虑，准确把握修剪原则，科学运用修剪方法，尽快扩大树体，是对地下

肥水资源的最好利用。

2. 地上光热空气资源的利用

同样，新建核桃园对地上光热空气资源也会有效利用。修剪对顶部光照的利用非常重要，修剪好的树体，通风透光好，顶部和外部枝条的密度合理，光照可以透过树体 2 ~ 3m，在不同部位可达到最佳光能利用。修剪较差的核桃园，外部郁闭，在树冠内部 2m 即不能接收有效光照，中部无效空间就较大，这样就浪费了光热资源。同样的密度，不能产生同样的光合产物，影响了核桃园经营效益。

3. 土地资源的利用

土地资源的利用与核桃园的栽植密度密切相关。密植园大于稀植园，生长快的核桃园大于生长慢的核桃园，树体高大的核桃园大于较小树体的核桃园。核桃园的经营比农作物的经营对土地资源的利用率高，是由于根系的庞大。核桃树的主根深达 3m 以上，冠径可达 10m 以上，而农作物的根系分布范围仅 20 ~ 30cm。因此，经营好的核桃园不仅密度要合适，修剪管理也很重要。修剪管理好树体发育快，根系分布又深又广，能有效利用土壤资源获得经济收益。

附表 1　不同核桃品种丰产特性与生产果实与枝条数量的相关性

品种	单果重（g）	果枝率（%）	平均果数/果枝	果枝数/生产 1kg 坚果	总枝数/生产 1kg 坚果	说　明
辽宁 1 号	11. 10	77. 10%	1. 60	56 ~ 60	72 ~ 75	抗病、抽梢轻
辽宁 3 号	9. 60	75. 90%	1. 38	72 ~ 75	95 ~ 100	抗病、抽梢轻
辽宁 4 号	12. 51	82. 40%	1. 48	47 ~ 50	57 ~ 60	抗病、抽梢轻
寒　丰	14. 40	92. 30%	1. 50	47 ~ 50	51 ~ 55	丰产、耐晚霜
中林 1 号	10. 45	89. 40%	1. 88	50 ~ 55	56 ~ 60	宜仁用、丰产
中林 3 号	11. 93	80. 90%	1. 21	70 ~ 75	86 ~ 90	宜仁用、适应性强
中林 5 号	9. 22	80. 30%	1. 42	70 ~ 75	87 ~ 90	丰产、宜鲜食
温 185	11. 20	75. 90%	1. 40	65 ~ 70	85 ~ 90	丰产、宜鲜食
鲁　光	12. 00	71. 81%	1. 49	55 ~ 60	76 ~ 80	丰产、缝合线较松
香　玲	10. 60	82. 00%	1. 40	67 ~ 70	81 ~ 85	耐旱性差、缝合线松
晋　香	11. 54	68. 00%	1. 10	78 ~ 80	114 ~ 120	耐旱性差、缝合线松
晋　丰	11. 34	84. 38%	1. 56	56 ~ 60	66 ~ 70	宜鲜食、丰产、耐晚霜
扎 343	12. 40	85. 00%	1. 20	67 ~ 70	78 ~ 85	大果、抽梢轻
薄壳香	13. 02	58. 33%	1. 43	54 ~ 60	92 ~ 95	宜鲜食、大果
京 861	11. 24	85. 54%	1. 25	72 ~ 75	84 ~ 90	丰产、适应性强、果小
薄　丰	11. 12	85. 00%	1. 73	52 ~ 55	61 ~ 65	丰产、缝合线松
金薄香 1 号	15. 20	75. 00%	1. 20	54 ~ 60	72 ~ 75	丰产、宜仁用
西林 2 号	11. 69	63. 00%	1. 56	54 ~ 60	85 ~ 90	丰产、宜仁用
西林 3 号	16. 53	57. 69%	1. 70	35 ~ 40	60 ~ 65	大果、落果较重
西扶 1 号	10. 31	77. 78%	1. 60	60 ~ 65	77 ~ 80	丰产、宜仁用
晋龙 1 号	14. 85	44. 50%	1. 70	39 ~ 45	87 ~ 90	晚实、抗病
晋龙 2 号	15. 92	48. 50%	1. 53	40 ~ 45	82 ~ 85	晚实、抗病、耐晚霜
礼品 2 号	13. 50	60. 00%	1. 30	57 ~ 60	95 ~ 100	晚实、宜鲜食
清　香	14. 50	37. 39%	1. 70	40 ~ 45	105 ~ 110	晚实、抗病、越冬性差
晋 RS-1 系	10. 30	81. 00%	1. 30	75 ~ 80	92 ~ 100	砧木较抗旱、耐寒、抗病
晋 RS-2 系	11. 10	86. 50%	1. 5	60 ~ 65	69 ~ 75	砧木较抗旱、耐寒、抗病
晋 RS-3 系	13. 26	88. 20%	1. 4	54 ~ 60	61 ~ 65	砧木较抗旱、耐寒、抗病

说明：数据来源于山西林业科学研究院国家七 · 五区试验项目汾阳点及其他试验项目。

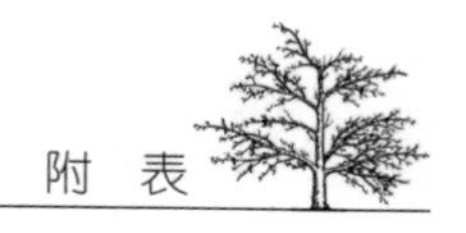

附表 2 核桃园周年修剪管理历

月份	节气	物候期	主要修剪工作内容
1～2 月	小寒、大寒 立春、雨水	休眠期	老树更新修剪，清理树枝杂草。
3 月	惊蛰、春分	萌芽期	维修工具，复剪；同时防治腐烂病。
4 月	清明、谷雨	萌芽展叶	幼树期间的抹芽定枝，开张角度。
5 月	立夏、小满	开花坐果	疏花疏果或保花保果。抹芽定枝，检查骨干枝配置情况，刻芽；高接树的整形修剪。
6 月	芒种、夏至	新梢生长 果实膨大	幼树整形修剪。采用撑、拉、吊等方法开张角度；刻芽，促进骨干枝形成。
7 月	小暑、大暑	果实硬核 花芽分化	整形修剪，抹芽，疏除多余二次枝，背上背下枝。
8 月	立秋、处暑	核仁充 实成熟	疏除内部枯死、细弱、病虫害等无用枝。
9 月	白露、秋分	果实成熟	检查修剪机具，开始修剪，清理枝条。
10 月	寒露、霜降	叶变黄 落叶	整形修剪，伤口消毒涂封；清理粉碎枝条。同时结合防治腐烂病。
11 月	立冬、小雪	落叶	老树更新修剪，涂白，喷布 5 波美度石硫合剂。清理树枝落叶或粉碎处理。
12 月	大雪、冬至	休眠	树干涂白，喷布 5 波美度石硫合剂。

参考文献

[1]郝艳宾，王贵.2008. 核桃精细管理十二个月[M]. 北京：中国农业出版社.

[2]吕赞韶，王贵，等.1993. 核桃新品种优质高产栽培技术[M]. 太原：山西高校联合出版社.

[3]王贵，等.2008. 我国核桃标准化生产的若干问题[M]. 昆明：云南科技出版社.

[4]王贵.2010. 核桃丰产栽培实用技术[M]. 北京：中国林业出版社.

[5]吴国良，段良骅.2000. 现代核桃整形修剪图解[M]. 北京：中国林业出版社.

[6]郗荣庭，刘孟军.2005. 中国干果[M]. 北京：中国林业出版社.

[7]Book of Abstrcts Ⅶ International Walnut Symposiym. 2013.

[8] University of California Division of Agriculture and Nature Resources. 1998. Walnut Production Manual. Communication Services-Publication.